漏洞挖掘利用及
恶意代码防御

王忠儒　著

科学出版社

北　京

内 容 简 介

本书从基于人工智能助力网络安全的视角出发，瞄准助力攻击和助力防御两个方向，刻画人工智能攻击链框架，着重描述自动化漏洞挖掘、软件漏洞自动化利用、基于神经网络的隐秘精准型恶意代码、隐秘精准型恶意代码的增强实现、基于深度学习和机器学习的未知特征恶意代码检测、基于知识图谱的威胁发现等 6 方面技术成果，在对比梳理全球最新相关研究进展的同时，提出了大量技术问题解决思路和相关攻防实战方法，支撑行业管理、技术研究、产品研发和攻防实战。

本书可为网络安全研究人员提供技术思路和方法借鉴，为网络安全从业人员技术选型时提供有价值的参考，为广大博士研究生和硕士研究生在学习和研究过程中提供更多技术指导。

图书在版编目（CIP）数据

漏洞挖掘利用及恶意代码防御 / 王忠儒著. —北京：科学出版社，2023.9

ISBN 978-7-03-073265-1

Ⅰ. ①漏… Ⅱ. ①王… Ⅲ. ①网络保护②计算机安全－安全技术 Ⅳ. ①TP393.08②TP309

中国国家版本馆 CIP 数据核字（2022）第 177397 号

责任编辑：赵艳春 / 责任校对：胡小洁
责任印制：师艳茹 / 封面设计：蓝 正

科学出版社 出版
北京东黄城根北街 16 号
邮政编码：100717
http://www.sciencep.com

北京九州迅驰传媒文化有限公司印刷
科学出版社发行 各地新华书店经销
*

2023 年 9 月第 一 版 开本：720×1 000 1/16
2024 年 3 月第二次印刷 印张：12 1/2
字数：250 000

定价：**98.00 元**

（如有印装质量问题，我社负责调换）

序　言

　　党的十八大以来，习近平总书记深刻把握信息化发展大势，高度关注网络安全挑战，围绕网络安全工作发表一系列重要论述，把党对网络安全的认识提升到了新的高度和境界，为树立正确的网络安全观、做好网络安全工作提供了方向和强大动力。在习近平总书记关于网络强国的重要思想指引下，我国网信事业取得了历史性成就，网络安全政策法规体系不断健全，网络安全工作体制机制日益完善，全社会网络安全意识和能力显著提高，网络安全保障体系和能力建设加快推进，为维护国家在网络空间的主权、安全和发展利益提供了坚实的保障。

　　当前，世界百年未有之大变局正在加速演进，地缘政治冲突不断升级，全球产业链、供应链遭受冲击，互联网发展面临前所未有的挑战，全球网络空间进入新的动荡变革期。与此同时，网络空间安全面临的形势持续复杂多变，网络对抗趋势日益严峻，各类网络威胁与风险层出不穷。漏洞和恶意代码已成为网络安全的重要威胁之一，导致关键信息基础设施瘫痪、重要信息系统崩溃、个人隐私信息泄露，对国家安全、社会稳定、人民生活等方面造成重大影响。开展漏洞挖掘利用及恶意代码防御研究，提升网络安全整体防护能力，切实维护国家安全，已成为当前网络安全工作的重点任务。

　　该书引入了当前全球主流的网络威胁框架，提取并刻画了"人工智能安全攻击链"，聚焦漏洞挖掘利用及恶意代码防御技术，详细介绍了自动化漏洞挖掘技术、自动化漏洞利用技术、基于神经网络的隐秘精准型恶意代码、隐秘精准型恶意代码的增强实现、基于深度学习和机器学习的未知特征恶意代码检测、基于知识图谱的威胁发现等网络安全问题。与此同时，通过大量论文和研究成果积累，描述了上述六个方面问题的解决思路和相关技术方法。

　　希望该书能够为广大研究人员提供科研思路，助力解决技术难题，共同推进行业发展。

中国网络空间研究院　夏学平

2023 年 3 月 30 日

前　言

方滨兴院士提出，人工智能安全可分为三个子方向，分别是人工智能助力安全（AI for security）、人工智能内生安全（AI security）和人工智能衍生安全（AI safety）。在人工智能助力安全方面，主要表现为助力攻击和助力防御。在助力攻击方面，攻击者正在利用人工智能技术突破其原有能力边界，实现自动化漏洞挖掘、构建智能恶意代码、为神经网络模型植入后门、自动化构造鱼叉式钓鱼邮件、精准锁定目标、深度隐藏攻击意图、高逼真伪造欺骗等攻击方法。在助力防御方面，防御者可利用机器学习算法，构建可在运行时不断自我提升的智能入侵检测系统；利用深度学习和机器学习技术检测未知特征的恶意代码，提升网络威胁发现能力；引入网络攻防知识图谱，使"人机结合"的威胁猎杀更加高效，从而发现关键信息资产中潜伏的隐蔽威胁；基于海量用户与实体行为的正常历史数据，构建异常检测系统，从而发现偏离正常轨迹的可疑行为。

我们引入当前全球主流的网络威胁框架，提取并刻画了"人工智能安全攻击链"（简称"攻击链"，attack chain），并以此为基础进行趋势分析和攻击行为分析。基于上述威胁框架，可将攻击链分为七个阶段，分别为：准备（preparation）、投递（delivery）、突破（engagement）、存在/持久化（presence/persistence）、影响（effect）、命令与控制（command and control，C2）和规避（evasion）。

我们将常见的网络攻击和防御技术进行了归类，其中攻击技术主要列举了自动化漏洞挖掘、智能恶意代码、神经网络模型后门、自动化鱼叉式钓鱼邮件、精准目标锁定、攻击意图深度隐藏、高逼真伪造欺骗，防御技术主要列举了智能化的入侵检测、基于深度学习和机器学习的未知特征恶意代码检测、基于知识图谱的隐蔽威胁发现、基于海量数量的异常行为发现。具体如表 0-1 所示。

表 0-1　攻击链的七个阶段与相关技术关联关系

技术	准备	投递	突破	存在/持久化	影响	命令与控制	规避
杀伤链模型	√	√	√	×	√	√	×
ATT&CK 模型	×	×	√	√	√	√	√
网络威胁框架模型	√	√	√	√	√	√	√
人工智能助力攻击	①、②	④	③	③	⑤、⑦	②	⑥

技术	准备	投递	突破	存在/持久化	影响	命令与控制	规避
人工智能助力防御	d	a、c、d	a、b、c、d	b、c	c、d	c、d	c、d

注：①自动化漏洞挖掘；②构建智能恶意代码；③为神经网络模型植入后门；④自动化构造鱼叉式钓鱼邮件；⑤精准锁定目标；⑥深度隐藏攻击意图；⑦实现伪造欺骗；a. 智能化的入侵检测；b. 基于深度学习和机器学习的未知特征恶意代码检测；c. 基于知识图谱的隐蔽威胁发现；d. 基于海量数据的异常行为发现；√表示包含；×表示不包含。

本书主要关注漏洞挖掘利用及恶意代码防御，总体内容架构如下。

第 1 章介绍自动化漏洞挖掘技术，它主要在准备阶段发挥作用，是人工智能助力攻击方面的重要研究方向。该章除介绍相关技术方法、国内外研究现状外，着重介绍研究团队中刘刚、张云涛、刘通、刘哲晖、冀甜甜等的新近研究成果，包括基于多层导向模糊测试的堆漏洞挖掘技术、基于混合执行的自动化漏洞挖掘技术、基于方向感知的模糊测试方法等。

第 2 章介绍软件漏洞自动化利用技术，它主要在突破、存在/持久化、影响、命令与控制等阶段发挥作用，是人工智能助力攻击方面的重要研究方向。该章除介绍相关技术方法、国内外研究现状外，着重介绍研究团队中刘刚、张云涛、刘通、刘哲晖、杜春来等的新近研究成果，包括基于可扩展模型的漏洞分析与利用生成、动静态分析相结合的漏洞自动化挖掘与利用、人机协同的软件漏洞利用等。

第 3 章介绍基于神经网络的隐秘精准型恶意代码，它主要在准备、命令与控制阶段发挥作用，是人工智能助力攻击方面的重要研究方向。该章除介绍相关技术方法、国内外研究现状外，着重介绍研究团队中冀甜甜、崔翔等的新近研究成果，包括隐秘精准型恶意代码建模、隐秘精准型恶意代码案例分析、人工智能对隐秘精准型恶意代码的赋能作用、对隐秘精准性的安全度量等。

第 4 章介绍隐秘精准型恶意代码的增强实现，它主要在突破、存在/持久化、影响、命令与控制等阶段发挥作用，除相关技术方法、国内外研究现状外，着重介绍研究团队中冀甜甜、崔翔等的新近研究成果，包括基于深度神经网络的隐秘精准型恶意代码增强实现方案、基于感知哈希的隐秘精准型恶意代码增强实现方案、深度神经网络与感知哈希的能力辨析等。

第 5 章介绍基于深度学习和机器学习的未知特征恶意代码检测，它主要在规避阶段发挥作用，是人工智能助力防御方面的重要研究方向。除介绍相关技术方法、国内外研究现状外，着重介绍研究团队中刁嘉文、崔翔、冯林、甘蕊灵等的新近研究成果，包括面向人工智能模型训练的 DNS 窃密数据自动生成、面向未知样本空间的 DNS 窃密检测方法等。

第 6 章介绍基于知识图谱的威胁发现，它主要在规避阶段发挥作用，是人工智能助力防御方面的重要研究方向。除介绍相关技术方法、国内外研究现状外，着重介绍研究团队中冀甜甜、崔翔等的新近研究成果，包括面向以太坊的智能合约蜜罐机理辨析，基于蜜罐家谱的各向异性合约蜜罐检测等。

全书从实战角度出发，描述了上述六个方面问题的解决思路和相关技术方法，希望能够对该领域研究人员、工程师、博士生和硕士生的研究工作提供一些支撑。

本书是国家自然科学基金面上项目"漏洞挖掘与利用中的对抗博弈：一种混合增强智能方法"（62172006）的主要研究成果。研究工作在中国网络空间研究院的指导下开展，由王忠儒、冀甜甜、张云涛、刁嘉文、宋首友等主笔，邹潇湘、崔翔、杜春来、徐艳飞、贾朔维、庞峥元、余伟强、阮强、王田、韩宇、茅开、白海波、崔志坚、张戈垚等提供了大量支持和帮助，北京丁牛科技有限公司提供了丰富的攻防演练实验环境，在此一并表示感谢。

王忠儒

2023 年 3 月 30 日

目　　录

第 1 章　自动化漏洞挖掘

随着信息技术的发展，软件作为信息技术的核心基础设施之一，已广泛应用于经济、政治、文化和教育等众多领域。但随着软件结构和功能越来越复杂多样，软件的规模越来越庞大，不可避免地导致软件存在缺陷和安全漏洞。根据国家信息安全漏洞共享平台（China National Vulnerability Database，CNVD）公布的数据，近十年的软件漏洞数目整体呈上升趋势，尤其近两年漏洞数量每年超过 20000 个，且高危漏洞占比越来越高。攻击者利用这些软件漏洞能够获得目标软件或系统的高级权限，从而在未授权的情况下访问系统中的敏感数据或达到破坏系统的目的，对人民生活、社会稳定、经济发展和国家安全构成巨大的威胁。2021 年 3 月，微软公布了多个 Microsoft Exchange 高危漏洞[1]，攻击者利用这些漏洞可以在未经验证的情况下获得远程服务器权限，据统计有近千台 Exchange 服务器被植入了后门。

日益复杂的软件系统对安全从业者的漏洞挖掘技能要求不断提高，政府、企业需投入巨大的资源提升从业者的专业技能。软件自动化漏洞挖掘技术可有效提高漏洞挖掘的效率，因此，深入研究该技术具有重要意义。美国国防高级研究计划局（Defense Advanced Research Projects Agency，DARPA）于 2013 年发起全球性网络安全挑战赛[2]（cyber grand challenge，CGC），参赛"选手"为自动化攻防系统，比赛过程无人工参与。CGC 旨在推进自动化网络防御技术发展，实时检测目标程序中的漏洞，自动完成打补丁和系统防御，最终实现全自动的网络安全攻防系统。2016 年 8 月，在网络安全顶级赛事（defense readiness condition capture the flag，DEFCON CTF）上，CGC 冠军 Mayhem 与另外十四支人类顶尖战队进行了首次人机对战。虽然机器人系统 Mayhem 最终成绩不如人类战队，但在比赛过程中，Mayhem 在某些回合中一度超过人类战队，说明自动化攻防方法在某种程度上能够比人类更快、更有效地检测系统缺陷和发现漏洞。我国在《2006—2020 年国家信息化发展战略》[3]中明确指出"抓紧开展对信息技术产品漏洞、后门的发现研究，掌握核心安全技术，提高关键设备装备能力，促进我国信息安全技术与产业的自主发展"。可以看到，提高软件漏洞挖掘效率，对保证软件运行时的安全具有重大意义，也将在大国网络安全博弈中占据重要地位。

软件漏洞挖掘技术有不同的分类方法。根据目标程序是否运行，可以分为静态分析技术和动态分析技术；也可以根据目标程序类型进行分类，如分为内核漏洞挖掘技术和非内核漏洞挖掘技术。如表 1-1 所示，本书根据在测试过程中从目标程序获得反馈信息的多少将漏洞挖掘技术分为三类：白盒测试技术、灰盒测试技术和黑盒测试技术。白盒测试技术需要获取被测程序的全部信息，可使用传统程序分析技术来分析程序是否有与漏洞相关的特定属性。例如，数据流分析、词法分析、模型检验、抽象解释等，这些白盒测试技术大多为静态分析。但是白盒测试普遍存在执行速度慢、依赖源代码的问题。黑盒测试虽然测试效率高，但其不依赖目标程序的任何信息，所以漏洞挖掘的效果不尽如人意。而灰盒测试通过使用少量反馈信息来保持黑盒测试的高效率，同时兼具白盒测试的有效性，是现在学术界和工业界广泛关注的漏洞挖掘技术。因此，本章后续内容主要为读者介绍一些最新的灰盒漏洞挖掘技术。

表 1-1　软件漏洞挖掘技术分类及代表性技术概览

类型	分类点	文献	技术特点
白盒测试	需要被测程序的全部信息	[4]	多样化灰盒模糊(diverse graybox fuzzing, DigFuzz)测试，基于蒙特卡罗方法的概率进行混合模糊测试
		[5]	输入级模糊(input-level fuzzing, ILF)测试，基于深度学习的混合模糊测试方法
		[6]	一种基于校验和的定向模糊测试工具 TaintScope，利用符号执行技术来绕过被测程序中的安全性检查
		[7]	定向自动随机测试(directed automated random testing, DART)，利用符号执行技术收集被测程序的路径约束，生成测试用例
		[8]	基于多面体路径抽象的增量混合模糊测试方法 Pangolin，重用符号执行中间结果来加速漏洞挖掘
灰盒测试	只使用被测程序的部分信息，再配合一些启发式策略	[9]	AFLFast，将模糊测试过程建模为马尔可夫链，使用新的能量分配策略，解决能量分配不平衡问题
		[10]	导向性模糊测试技术 AFLGo，根据测试用例与目标的距离引导模糊测试对目标代码区域进行测试
		[11]	基于原则搜索的高效模糊测试方法 Angora，利用上下文敏感的分支覆盖和字节级污点分析，配合基于梯度下降的约束求解来提高模糊测试效率
		[12]	路径敏感模糊测试方法 CollAFL，使用被测程序的控制流图和精心设计的哈希算法解决源码环境下的路径冲突问题
		[13]	基于输入状态对应的模糊测试方法 RedQueen，提出了一个轻量级但非常有效的污点分析和符号执行的替代方案
		[14]	基于人工辅助的人机协同漏洞挖掘技术 HaCRS，构建了人机的网络推理系统
黑盒测试	不依赖于被测程序的相关信息，采取随机变异的策略	[15]	合成程序输入语法 GLADE，使用少量输入样本，以黑盒测试的方式合成程序输入的上下文无关语法，自动生成有效的测试用例
		[16]	回归模型的二进制安全测试(binary security testing of regression model, beSTORM)以自动化的方式搜索输入空间，得到所有可能的输入组合
		[17]	策略引导模糊(policy-guided fuzzing, PGFUZZ)测试，提出了基于深度学习算子的差分模糊测试方法

1.1 软件自动化漏洞挖掘技术介绍

1.1.1 软件漏洞定义与分类

目前尚无对软件漏洞统一、严格的定义，学术界和工业界的安全研究人员尝试从不同角度给出不同解释。维基百科将软件漏洞解释为"是指计算机系统安全方面的缺陷，使得系统或其应用数据的保密性、完整性、可用性、访问控制等面临威胁"；2011 年，美国发布的通用漏洞及风险(common vulnerabilities and exposures，CVE)文档中，软件漏洞被定义为"软件中能被攻击者利用而获得系统、网络访问权的错误"。除上述对软件漏洞的定义外，本书沿用学术界认同度较高的一种软件漏洞定义方法[18]。

定义 1.1 软件漏洞是指软件系统中影响安全的软件错误，它可被攻击者控制并利用，进而产生破坏系统机密性、完整性与可用性等的非预期危害。

软件漏洞的存在主要是因为在具体实现或系统安全策略上存在缺陷，使程序在运行过程中由于外部或内部原因而发生不可预见的错误。软件漏洞分类有助于安全研究人员更好地理解漏洞，提高漏洞挖掘的准确率。软件漏洞可从不同角度进行分类。从漏洞危害范围角度可分为：远程漏洞，该漏洞危害极大，攻击者可以通过网络远程发起攻击，进一步利用漏洞控制受害人的计算机；本地漏洞，指攻击者必须在本机拥有一定访问权限才能利用的漏洞，如本地权限提升漏洞。从漏洞被发现的时间序列角度可分为：很早被发现的漏洞，对于该类漏洞，通常厂商已经发布补丁，危害较小；刚发现的漏洞，对于该类漏洞，通常厂商刚发布补丁，或还未及时发布补丁和修补办法，相对上一种漏洞危害较大；0day 漏洞，该类漏洞是指还未公开的漏洞，因厂商无法及时得知软件中存在哪些未知的漏洞，所以此类漏洞危害极大。这也表明对软件进行高效率的自动化漏洞挖掘具有重大意义。

1.1.2 模糊测试技术

模糊测试是一种自动化软件测试技术，它使用随机数据作为被测程序的输入，通过捕捉被测程序运行过程中的异常状态来发现错误。根据模糊测试工具在被测程序运行过程中监测到的程序语义粒度，可以将它们分为以下三类：黑盒模糊测试[15, 16]，它不依赖被测程序的任何信息来对其进行测试；白盒模糊测试[5-7]，它需要被测程序的详细信息，如程序源码；灰盒模糊测试[12,13]则介于两者之间，它只需要被测程序的部分信息来产生新的输入以探索新路径。与黑盒和白盒模糊测试相比，灰盒模糊测试的特点是开销小、性能好。因此，灰盒模糊测试在实际生产环境中是一种扩展性更好、更有效的漏洞挖掘技术。

目前大多数灰盒模糊测试工具都是基于代码覆盖率的，它们使用轻量级的代码插桩技术来记录被测程序运行过程中的代码覆盖率信息。具有代表性的基于覆盖率引导的灰盒模糊测试工具有 AFL(American Fuzzy Lop，一款用于测试程序安全性的模糊测试工具)[19]、libFuzzer、Honggfuzz、AFLFast[9]和 CollAFL[12]。AFLFast 和 CollAFL 是在 AFL 基础上改进的两种模糊测试工具。AFLFast 提出了一个新的能量(表征模糊测试的力度)分配算法，为低频路径分配更多的能量，为高频路径分配更少的能量。CollAFL 从某种程度上解决了 AFL 统计边覆盖率时的哈希冲突问题，同时它提出三种种子选择策略。灰盒模糊测试的目的是最大限度地提高代码覆盖率，其动机是，更高的代码覆盖率通常意味着模糊测试工具可以覆盖更多的路径，就可以找到更多的漏洞。然而，覆盖率驱动的模糊测试方式在漏洞挖掘方面实际效果极为有限，因为只有极少的路径才会包含漏洞[20]，并且在现实环境中，在有限的时间内获得被测程序完整的代码覆盖率几乎不可能。因此，仅仅提高代码覆盖率来挖掘漏洞是不够的，尤其是对于一些特殊的漏洞，如必须按照特定时间顺序执行一系列操作才能触发的释放后引用(use-after-free，UAF)漏洞。

2017 年，Böhme 等[10]首次提出导向灰盒模糊测试，其核心是引导模糊测试到达被测程序中预先识别出的一些目标代码位置，将系统资源集中在程序存在潜在威胁的位置，而不浪费多余的资源去探索不相关的代码区域，提高了模糊测试的效率。因此，通过引导模糊测试到达被测程序的特定目标点，可以挖掘一些触发条件比较苛刻的漏洞。但在实际的漏洞挖掘中也面临一些挑战，第一个挑战是如何更快、更精确地识别目标代码位置，目标代码位置在导向模糊测试中至关重要，但目前主要依赖人工标注的方式来实现，非常耗时耗力。第二个挑战是如何处理不同目标代码位置间的关系，例如，为了触发 UAF 漏洞，模糊测试工具需要引导程序依次执行堆内存分配、堆内存释放和堆内存访问的操作。

1.1.3 符号执行技术

符号执行[21]是一种程序分析技术，使用符号执行分析程序时，程序的输入不再是一般情况下执行程序时使用的具体值，而是将程序的输入符号化。同时，在对程序进行符号执行的过程中，会把变量表示为符号化的表达式，在条件分支处收集变量的约束条件，当程序执行到特定位置或退出时调用约束求解器对路径约束进行求解，以生成可以到达特定代码位置的测试输入。

Angr[22]是符号执行中具有代表性的工具之一，它将二进制文件转换为矢量表

达式语言 (vector expression language，VEX) 中间语言的形式，并在模拟器中对目标程序进行符号执行。基于 Python 的模块化设计思想让 Angr 更容易被用户理解和使用，同时研发团队也在对 Angr 项目中的功能进行迭代更新。KLEE[23] 是另一个著名的符号执行工具，它建立在低级虚拟机 (low level virtual machine，LLVM) 中间语言之上。KLEE 基于程序源码的 LLVM-bitcode 来进行符号执行，提供多种操作界面供用户将符号值插入内存并添加不同的约束。同时，它支持 Z3[24] 和简单定理证明器 (simple theorem prover，STP)[25] 来进行约束求解并生成满足约束条件的输入。Angr 与 KLEE 诞生之初是用于全程序的符号执行，在实际应用中面临路径爆炸问题。因此，研究人员提出基于 KLEE 和快速模拟器 (quick emulator，QEMU) 实现的选择符号执行 (selective symbolic execution，S2E) 工具[26]，它也是利用程序源码的 LLVM-bitcode 进行符号执行的，同时使用 QEMU 进行具体执行。由于 S2E 内置的分析器和选择器以插件的形式存在，所以 S2E 具有高可扩展性。

　　为了对目标程序进行充分的测试，研究人员结合模糊测试与符号执行技术提出 Concolic 执行技术，如定向自动随机测试 (directed automated random testing，DART)[7]、Concolic 单元测试引擎 (Concolic unit testing engine，CUTE)[27]、Smart-Fuzz[28]、可扩展自动引导执行 (scalable automated guided execution，SAGE)[29]。该技术主要利用模糊测试来保证测试过程的高效率，同时利用符号执行的约束求解功能，绕过程序中的一些安全性检查，实现对目标程序深层代码的充分测试。Concolic 执行首先用一些给定的或者随机的输入来执行程序，收集执行过程中条件语句对输入的符号化约束，然后使用约束求解器推理输入的变化，从而将下一次程序的执行导向另一条执行路径。简单来说，就是在已得到的路径上，对分支路径条件进行取反，让执行走向另外一条路径。这个过程会不断地重复，加上启发式的路径选择算法，可以极大地提高模糊测试过程中的代码覆盖率。

1.2　基于多层导向模糊测试的堆漏洞挖掘技术

　　灰盒模糊测试技术已被广泛用于漏洞挖掘，大多数灰盒模糊测试工具都是以基本块间的跳转作为代码覆盖率的标识，并在模糊测试过程中通过提升代码覆盖率来发现更多漏洞。然而，仅提高代码覆盖率很难发现堆类型的内存损坏漏洞，如 UAF 漏洞和多次释放 (double free，DF) 漏洞。因为触发该类堆漏洞通常需要以一定顺序对堆内存执行特定操作，如堆内存分配、堆内存释放和堆内存访问等。本节介绍一种基于导向灰盒模糊测试的堆漏洞挖掘工具 MDFuzz，其核心思想是将被测程序中与堆操作相关的代码位置看作不同的目标点，随后利用导向模糊测试按序到达这些特定的目标点，即按序执行特殊的堆操作。

1.2.1 MDFuzz 系统框架

MDFuzz 是一个挖掘二进制程序中 UAF、DF 漏洞的多级导向模糊测试工具。MDFuzz 将被测程序中与堆内存分配、堆内存释放和堆内存访问相关的代码位置视为三个不同目标点。MDFuzz 首先将二进制代码提升为 LLVM 中间语言形式，然后通过静态分析自动识别目标点。具体来说，MDFuzz 通过静态分析将被测程序中执行 malloc 和 free 函数的代码位置分别视为堆内存申请和释放的目标点，随后使用 Andersen 指针分析技术[30]来识别被测程序中堆内存访问的目标点。基于已经获得的目标点信息，MDFuzz 利用被测程序的函数内控制流图(control flow graph，CFG)和函数间的调用图(call graph，CG)计算出程序中每个基本块与目标点的距离。在后续的导向模糊测试中，为了充分探索不同目标点之间的可达路径，MDFuzz 提出一个基于概率的多级种子(被测程序的输入)队列。此外，MDFuzz 利用动态污点分析来确定被测程序的输入中哪些字节需要变异以及如何对其进行变异，以此来保证代码覆盖率。

MDFuzz 的工作流程如图 1-1 所示，它由静态分析和模糊测试两部分组成。

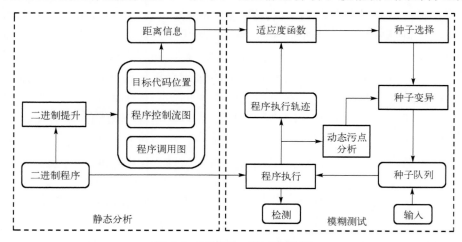

图 1-1 MDFuzz 的工作流程

(1)静态分析阶段。该阶段的输入是被测二进制程序，输出是程序中的基本块到目标点的距离信息。MDFuzz 使用二进制代码提升工具 RetDec 将被测程序的二进制代码提升为 LLVM 中间语言，再通过一些基于 LLVM 的优化组件来进行静态分析以计算出基本块到目标点的距离。具体来说，MDFuzz 使用这些组件来提取被测程序的控制流图和调用图。然后，MDFuzz 通过基于函数指纹匹配的方式和 Andersen 指针分析自动识别出代码中执行堆内存分配、堆内存释放和堆内存访问的目标点。在确定目标点后，MDFuzz 结合调用图和控制流图，使用 Dijkstra 最短路径算法分别计算出函数间距离和函数内基本块间距离，基于此再计算出被测程序中每个基本块到目标点的距离。

（2）模糊测试阶段。该阶段的输入是被测程序、初始种子队列以及静态分析阶段计算出的程序中每个基本块到不同目标点的距离值。为了触发 UAF 漏洞，需要以特定顺序到达不同的目标点，MDFuzz 将种子存储在一个基于概率的多级种子队列中。MDFuzz 结合当前种子执行的基本块序列到目标点的距离、当前种子执行的特殊操作次数和触发的新基本块的数目，提出一种新的适应度函数来给种子分配能量。此外，MDFuzz 利用动态污点分析来捕获种子中的字节与程序中安全性检查之间的数据依赖关系，根据动态污点分析的结果指导种子变异，以此来绕过安全性检查，保证导向模糊测试过程中的代码覆盖率。最后，MDFuzz 执行新生成的种子并检测是否触发了 UAF 漏洞。

1.2.2　程序中目标代码位置自动识别

为了成功触发被测程序中的 UAF 漏洞，MDFuzz 利用导向模糊测试的导向能力，引导模糊测试按照一定顺序到达不同目标点。这意味着必须在模糊测试开始前识别出所有目标点。现有的大多数导向模糊测试工具均是手动识别目标点的。例如，通过 Git 提交日志信息[10]或从程序崩溃时的函数调用栈中提取信息[31]，再结合程序的源码来标识目标点。然而，现实中大多数商用软件往往不开源。MDFuzz 使用静态分析实现目标点的自动化识别。

（1）二进制提升。近年来，学术界和工业界已经开发出一些将二进制代码翻译成 LLVM 中间语言的二进制提升工具，如 McSema[32]、MCTOLL[33] 和 RetDec[34]。根据 Liu 等[35]在不同程序分析场景中对上述三个二进制提升工具的对比结果，MDFuzz 选择在指针分析中表现最好的 RetDec 来提升被测程序，将二进制代码提升为 LLVM 中间语言的形式。如图 1-2 所示，MDFuzz 将左侧的二进制代码提升为右侧的 LLVM 中间语言形式。

（2）目标点的自动化识别。为了触发 UAF 漏洞，需要按照一定顺序执行特定堆操作。MDFuzz 将调用堆内存分配函数的代码位置作为目标点 T_m，调用堆内存释放函数的代码位置识别为目标点 T_f，访问堆内存的代码位置识别为目标点 T_u。MDFuzz 通过对内存分配函数的返回值（堆内存指针）进行 Andersen 指针分析来识别 T_u，具体识别过程如下。

1. 构建变量指向图

这个阶段以被测程序的 LLVM 中间语言形式作为输入，为每条语句添加一个对应的约束，并建立初始的指向图。一般来说，指针分析涉及四种类型的语句，如表 1-2 所示。

```
10001011 00011100
10000101 01110000
00001000 10001011
... ...
10100000 00000100
00001000 10001011
01000101 11101000
00001000 10001011
... ...
```

```
1. @global_var_804a070 = global i32 0
2. %6 = inttoptr (ptrtoint (i32*
   @global_var_804a070 to i32)) to i32*
   ... ...
3. %10 = call i32* @malloc(i32 8)
4. %11 = ptrtoint i32* %10 to i32
5. store i32 %11, i32* %6
   ... ...
6. %19 = load i32, i32* %6
7. %23 = inttoptr i32 %19 to i32*
8. store i32 134514267, i32* %23
```

(a)二进制代码　　　　　　　(b)LLVM 中间语言

图 1-2　二进制提升

表 1-2　程序语句间指向信息传播规则

名称	语句	约束	规则
Points-to	$a = \&b$	$a \supseteq \{b\}$	$b \in \text{points-to}(a)$
Copy	$a = b$	$a \supseteq b$	$\text{points-to}(a) \supseteq \text{points-to}(b)$
Load	$a = *b$	$a \supseteq *b$	$\forall v \in \text{points-to}(b),\ \text{points-to}(a) \supseteq \text{points-to}(v)$
Store	$*a = b$	$*a \supseteq b$	$\forall v \in \text{points-to}(a),\ \text{points-to}(v) \supseteq \text{points-to}(b)$

　　指针分析算法首先按照表 1-2 中四类语句和约束之间的对应关系，将图 1-2(b)中的每条 LLVM 指令转换成图 1-2(a)的形式。例如，将图 1-2(b)中包含全局变量 global_var_804a070 的第 1 条指令转换为一条 Points-to 语句，将第 2 条的 inttoptr 指令和第 4 条 ptrtoint 指令分别转换为 Copy 语句。对于每一条 Load 和 Store 指令，需要增加一条额外的语句。例如，为图 1-3(a)中的第 5 条指令创建了一个 Load 语句 *(%6)=%11，同时增加了一条额外的 Copy 语句 L5=%6，它表示在第 5 行指令中指针变量 *%6 被使用。

　　接下来根据表 1-2 中每种类型语句的约束来构建指向图。具体来说，为图 1-3(a)中每条语句中的变量创建一个新节点，并把 Copy 语句变成一条有向边。例如，g_v→%6。同时，记录每条 Points-to 语句中变量的指向集合。例如，Points-to 语句 %10 = &c_p 中的变量 %10 的指向集合是 {c_p}。最后，得到如图 1-3(b)所示初始的变量指向图。

　　2. 求解变量指向图

　　初始的变量指向图构建完成后，利用表 1-2 中四种类型的约束传播规则在图 1-3(b)上不断迭代，增加新的有向边和传播变量的指向集合，直到达到一个固

```
1. g_v = &g        //g_v: global_var
2. %6 = g_v
3. %10 = &c_p      //c_p: chunk_pointer
4. %11 = %10
5. *(%6) = %11,    L5 = %6
6. %19 = *(%6),    L6 = %6
7. %23 = %19
8. L8 = %23
```

(a) LLVM IR语句

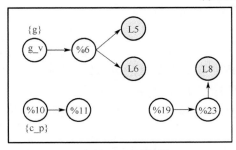

(b) 初始Points-to指向图

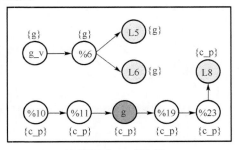

(c) 最终Points-to指向图

图 1-3　目标点 T_u 的识别

定点。例如，在图 1-3（b）中，节点%10 有一条出边指向%11，%10 的指向集合是 {c_p}，按照表 1-2 中 Copy 语句的传播规则，%11 的指向集合也是{c_p}。而 Load 和 Store 语句对应的传播规则用于引入新的边。最后可以得到图 1-3（c）所示的变量指向图，可以从中获取目标点 T_u。例如，L8 的指向集合含 c_p，这意味着指向堆内存的指针 c_p 可能在 L8 被使用，所以将包含 L8 的基本块识别为 T_u。

1.2.3　距离计算

MDFuzz 利用 1.2.2 节中描述的方法实现了目标点 T_m、T_f 和 T_u 的自动化识别。在本节中，MDFuzz 结合调用图和控制流图分别计算函数间的距离和函数内基本块的距离，进一步计算出被测程序中所有基本块到目标点所在基本块的距离。

1）函数级距离

MDFuzz 根据调用图计算一个函数到包含目标点的函数的距离。给定一个函数 n，n 和目标函数集 T_{fun} 中所有函数之间的距离可以定义为

$$d_f(n, T_{\text{fun}}) = \begin{cases} 未定义, & 如果 f 不能抵达函数 T_{\text{fun}} \\ d, & 其他情况 \end{cases} \tag{1-1}$$

其中，T_{fun} 相当于 T_{fun}^m、T_{fun}^f 或 T_{fun}^u，分别代表包含目标点 T_m、T_f 和 T_u 的函数集合；d 表示函数 n 和任何可达目标函数之间的距离的调和平均值，函数间的距离可基于调用图由 Dijkstra 算法来计算。

2）基本块级距离

MDFuzz 将同一函数中的两个基本块 m_1 和 m_2 之间的距离定义为从 m_1 到 m_2 的最小边数，即 $d_b(m_1, m_2)$。基本块 m 到目标基本块集合的距离 $d_b(m, T_{bb})$ 定义为

$$d_b(m, T_{bb}) = \begin{cases} 0, & m \in T_{bb} \\ c \cdot \min_{n \in N(m)}(d_f(n, T_{fun})), & m \in T \\ \left[\sum_{t \in T}(d_b(m,t) + d_b(t, T_{bb})^{-1})^{-1} \right]^{-1}, & \text{其他} \end{cases} \qquad (1\text{-}2)$$

其中，$N(m)$ 是基本块 m 内调用外部函数的集合；T 是与基本块 m 属于同一函数但包含函数调用的基本块集合；c 是一个固定值，默认为 10；目标基本块集合 T_{bb} 等同于 T_{bb}^m、T_{bb}^f 或 T_{bb}^u，即分别表示包含目标点 T_m、T_f 和 T_u 的目标基本块集合。本节中计算函数级距离的式(1-1)和基本块级距离的式(1-2)与 AFLGo[10]中使用的公式相同。

1.2.4　基于概率的多层种子队列

UAF 漏洞的触发条件比其他类型的内存破坏漏洞(如栈溢出)更复杂[36]，需要满足一定的时间和空间约束(对同一块堆内存依次执行堆内存分配、堆内存释放和访问操作)。MDFuzz 通过引入基于概率的多级种子队列来解决这个问题。其主要思想是将模糊测试过程中新生成的种子保存在一个三层优先级队列中，然后以一定的概率从不同优先级队列中选择种子进行测试。第三层优先级队列(Q_3，最高优先级)中的种子应该覆盖以下操作序列：分配内存(T_m)和释放内存(T_f)；第二层优先级队列(Q_2)中的种子应该覆盖分配内存的操作(T_m)；没有覆盖到这些堆操作的种子属于第一层优先级队列(Q_1)。另外，在模糊测试过程中，MDFuzz 以一定的概率从不同的优先级队列中选择种子。MDFuzz 以高概率选择高优先级队列中的种子，但也以一定的概率从低优先级队列中选择种子。主要是因为，Q_3 中的种子仅覆盖程序中可以到达 T_m 和 T_f 的部分路径，为了覆盖被测程序中其他能到达 T_m 和 T_f 的路径，在选择高优先级队列的同时也需要选择低优先级队列中的种子。

如算法 1-1 所示，MDFuzz 基于多层种子队列实现了基于概率的种子选择策略。算法 1-1 中第 2 行的 AssignProbByQueue 函数给不同优先级队列分配不同的选择概率。由于高优先级队列中的种子更有可能到达下一个目标或触发漏洞，AssignProbByQueue 函数会给更高的优先级队列分配更大的选择概率，它的输出为 p_1、p_2 和 $p_3(p_1 + p_2 + p_3 = 1)$，分别代表从相应的优先级队列中选择种子的概率。然后，算法 1-1 中第 3 行的 randomUniform 函数会生成一个大于 0、小于 1 的随

机数 prob。最后，selectFitSeeds 函数选择一定数量的种子来进行后续测试操作。算法 1-1 的开销主要是对种子进行排序操作，排序算法的复杂度为 $O(n\log n)$，这在实际漏洞挖掘场景中完全可以接受。

算法 1-1　基于概率的种子选择

输入：包含不能到达目标点 T_m 和目标点 T_f 种子的队列 Q_1
　　　包含能到达目标点 T_m 种子的队列 Q_2
　　　包含能到达目标点 T_m 和目标点 T_f 种子的队列 Q_3
输出：适合生成新一代种子的最优候选种子集合 BC

1.	BC $= \varnothing$
2.	$p_1, p_2, p_3 \leftarrow$ AssignProbByQueue(Q_1, Q_2, Q_3)　　//为种子队列分配相应的选择概率
3.	prob $\leftarrow$ randomUniform$(0;1)$　　//生成一个 0～1 的随机数
4.	**if** prob $\geq p_3$ and $p_3 \neq 0$ **then**
5.	bestFit $\leftarrow$ selectFitSeeds$(Q_3; \text{len}(Q_3))$　　//从种子队列 Q_3 中选择最合适的种子
6.	**end if**
7.	**if** prob $\geq p_2$ and $p_2 \neq 0$ **then**
8.	bestFit $\leftarrow$ selectFitSeeds$(Q_2; \text{len}(Q_2))$　　//从种子队列 Q_2 中选择最合适的种子
9.	**end if**
10.	**if** prob $\geq p_1$ and $p_1 \neq 0$ **then**
11.	bestFit $\leftarrow$ selectFitSeeds$(Q_1; \text{len}(Q_1))$　　//从种子队列 Q_1 中选择最合适的种子
12.	**end if**
13.	将最合适的种子 bestFit 添加至集合 BC 中
14.	**return** BC

1.2.5　适应度函数

适应度函数是 MDFuzz 中最重要的部分之一，它根据当前种子动态执行的情况来对其评分，为那些可能触发漏洞的种子分配较高的分数。在后续的模糊测试中给予这些高分数种子更多的变异次数，使其生成更多新的种子，增加触发漏洞的可能性。MDFuzz 从以下三个方面来计算种子的适应度值。

1）基本块序列距离

在模糊测试过程中，MDFuzz 结合当前种子执行过的基本块序列和静态分析阶段得到的基本块到目标点的距离来计算当前种子到目标点的距离。当前种子 s 与目标基本块 T_{bb} 之间的距离定义为

$$d_s(s, T_{\text{bb}}) = \frac{\sum_{m \in \xi_b(s)} d_b(m, T_{\text{bb}})}{|\xi_b(s)|} \tag{1-3}$$

其中, $\xi_b(s)$ 是 s 执行过的基本块的集合; $d_s(s,T_{bb})$ 通过计算 $\xi_b(s)$ 中每个基本块到 T_{bb} 中所有目标基本块距离的平均值来得到。式(1-3)的基本块序列距离的计算方式与 AFLGo[10] 一样。

2)执行特定操作的次数

不同优先级队列中的种子有不同的目标,优先级队列 Q_1 和 Q_2 的种子的目标分别是触发堆内存分配和释放操作。优先级队列 Q_3 中的种子的目标是触发堆内存访问操作。MDFuzz 认为一个种子所执行的特定操作次数越多,则适应度值应该越大。这是因为,堆内存操作次数越多意味着堆布局越复杂,而复杂的堆布局触发堆漏洞错误的可能性更大。MDFuzz 用 N_m 来表示种子执行过的堆内存分配操作的次数。同理, N_f 表示种子执行过的堆内存释放操作的次数。

3)触发新基本块的数目

在模糊测试过程中,如果种子发现新的基本块,意味着当前种子可能会探索出更多的代码路径(代码覆盖率变大),MDFuzz 应对其进行更多的变异。把种子发现的新基本块的数量记为 N_b,数字越大,为其分配的变异次数越多。

MDFuzz 将种子 s 的适应度函数 f_s 定义为

$$f_s = \frac{\log_2(N_m + N_f + 1)\log_2(N_b + 1) + 1}{\log_2(l_s)d_s(s,T_{bb})} \tag{1-4}$$

其中, l_s 是当前种子 s 所执行过的基本块序列的长度; Q_1 队列中的种子所对应的 N_m 和 N_f 的值都是 0, Q_2 队列中的种子对应的 N_m 也是 0。

1.3 基于混合执行的自动化漏洞挖掘技术

应用程序漏洞严重威胁着网络空间安全,自动化漏洞挖掘技术因为其漏洞检测的高效性受到越来越多的关注。目前学术界和工业界普遍采取模糊测试和符号执行相结合的混合执行技术来进行自动化漏洞挖掘,主要是利用符号执行技术来求解复杂路径的约束,帮助模糊测试提升覆盖率,从而更好地检测漏洞。然而,符号执行对路径的探索没有目标性,存在路径爆炸问题。并且生成相应路径的测试输入需要频繁调用求解器进行求解,而当前求解器对于非线性运算的求解效率低、可解性差。为此,本节提出基于混合执行的自动化漏洞挖掘系统,利用动静结合的路径引导算法,避免在对不重要的路径探索中消耗大量的时间和资源。同时,通过挂接(hook)非线性函数来优化约束求解过程,加快求解速度。

1.3.1　情况概述

模糊测试是一种自动化的软件测试技术，它通过向被测程序提供随机生成的输入并监控被测程序的执行来检测漏洞。这种方法虽然需要消耗很多资源，但是对于流程简单的程序有着不错的效果。模糊测试有它固有的缺点，即随机生成的输入经常无法通过被测程序的安全性检查而导致代码覆盖率较低。符号执行是一种能够系统性探索程序执行路径的程序分析技术，它在对程序进行符号执行的过程中记录变量的符号化表达式，同时在条件分支处生成路径约束。然后使用求解器进行约束求解，实现判断路径的可达性以及生成相应的测试输入的目标。模糊测试与符号执行技术结合能够对复杂约束条件下的路径进行充分测试，但是这种方法也面临着两个难题。

(1)约束求解的效率低。在符号执行过程中，约束求解起到判断程序路径可达性以及生成对应路径测试用例的作用。但是由于符号执行过程中容易添加复杂的约束条件，以及求解器本身能力的不足，符号执行在约束求解部分浪费大量资源和时间。当前求解器对于非线性运算的求解效率低、可解性差。为此，本节提出基于挂接的约束求解优化技术，加快非线性函数的求解速度，提高其求解效率。

(2)混合执行的盲目性。在混合执行探索路径过程中，当模糊测试长时间没有触发新的路径时，一般认为模糊测试遇到了难以通过的安全性检查，此时利用符号执行收集相应的路径约束，再通过约束求解来生成满足条件的输入。传统的符号执行在分支处会生成两个符号化状态，然后启发式地选取一个状态继续执行。由于传统符号执行没有导向性，可能在探索无关路径的过程中消耗大量的时间和资源。因此，本节提出动静结合的符号执行引导算法。对基本块赋予静态优先值，对符号执行状态赋予动态优先值，对符号执行进行引导，避免在不相关的路径上花费大量时间。

1.3.2　系统框架简述

本节将介绍系统的整体框架和总体流程。如图 1-4 所示，系统由五大模块组成，分别是调度模块、数据库模块、静态分析模块、模糊测试模块和种子生成模块。系统的核心是基于 Kubernetes(一种容器管理工具)[37]实现的调度模块，通过开源应用容器引擎 docker 来封装和管理其他模块。各个模块之间以数据库作为纽带，在调度模块的统一调度和管理下协作完成自动化漏洞挖掘任务。

其他模块的功能如下：数据库模块使用 PostgreSQL[38]来存放各个模块所需要的数据。静态分析模块基于 IDAPython 实现，主要功能是分析二进制程序的

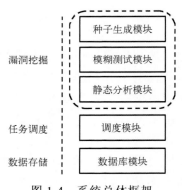

图 1-4 系统总体框架

函数间调用和函数内基本块的信息，输出函数控制流图。模糊测试模块基于 AFL 实现，主要功能是负责程序漏洞的挖掘和辅助生成程序的靶向点。种子生成模块基于 S2E 实现，主要功能是利用程序控制流图进行符号执行，生成到达靶向点的测试用例。

系统的工作流程如算法 1-2 所示。当待测试的二进制程序被存入数据库后，数据库模块为其生成相应的漏洞挖掘任务（第 1 行）。调度模块检测到有新任务后，会为这个任务分配相应的计算机资源，并且依次调用其他模块来完成该任务（第 2 行）。静态分析模块使用 IDAPython 来分析待测二进制程序，生成程序控制流图，它包含基本块的起始地址、结束地址、前驱基本块、后继基本块等信息（第 3 行）。模糊测试模块会先对程序进行模糊测试（第 4 行），若模糊测试没有挖掘出漏洞，且在长时间内代码覆盖率没有得到提升，它将以一定策略把部分未覆盖的基本块作为靶向点（第 5～7 行）。种子生成模块利用动静结合的符号执行路径引导算法生成到达靶向点的测试用例，即 newseed（第 8 行）。然后模糊测试模块使用新生成的种子继续进行漏洞挖掘，直到挖出漏洞或者超过预定时间阈值（第 9～12 行）。

算法 1-2　系统的工作流程

输入：目标二进制程序 s
输出：崩溃输入

1.	task ← 从数据库中读取被测程序 s 的任务信息
2.	调度模块为任务 task 分配计算资源
3.	cfg ← StaticAnalysis(task)　　　　　//静态分析提取被测程序 s 的控制流图
4.	crash ← Fuzzing(task, seed)　　　　//模糊测试得到导致程序崩溃的输入
5.	**while** crash == NULL **do**
6.	**if** 模糊测试在一定时间内不能生成新的崩溃输入 **then**
7.	targetpoints ← Fuzzing(task, seed)　　//提取被测程序 s 中的目标点集合
8.	newseed ← SeedGen(task, targetpoints, cfg)　//生成可到达目标点的测试用例
9.	crash ← Fuzzing(task, newseed)　　//利用 newseed 执行模糊测试得到
	//程序的崩溃输入
10.	**end if**
11.	**if** 模糊测试超时 **then**
12.	break

13.　　　**end if**
14.　**end while**
15.　**return crash**

1.3.3　程序符号执行非线性函数约束求解优化方案

符号执行在程序的条件分支处构建路径约束，当符号执行到达靶向点或程序退出后调用约束求解器对收集的路径约束进行求解。由于符号执行在实际使用中面临复杂路径约束求解速度慢的问题，需要采取一些措施来加快其约束求解速度。研究发现，当对非线性函数的约束进行求解时，求解效率低，可解性比较差。例如，atoi()和 atol()等非线性函数。本节提出一种非线性函数约束求解的优化方案，通过对一些非线性函数进行挂接的方式来辅助约束器进行求解。实现思路是对求解器难以求解的非线性函数，如 atoi()函数进行挂接，在符号执行过程中遇到 atoi()函数时，根据此时传入参数的长度和内容返回易于求解的线性约束条件，替代符号执行本身对该函数复杂的约束条件。这样就能够避免约束求解器对这部分函数直接求解，提升了约束求解效率。

具体流程如算法 1-3 所示。在符号执行过程中，当符号化的状态遇到非线性函数时，记录下函数参数的长度（1~2 行）。再根据函数内容将参数的易于求解的线性约束条件保存到 content 变量中（第 3 行）。当求解器进行求解时，将 content 变量中的内容传递给求解器。用易于求解的线性约束条件代替求解器本身对该函数添加的复杂的约束条件。通过这种方法在一定程度上提升求解效率。

算法 1-3　约束求解优化

输入：目标二进制程序 s

输出：约束求解结果

1.　**if**　符号执行过程中变量 p 的路径约束为非线性 **then**
2.　　　len ← strlen(p)　　　　　　　　　//获取变量 p 的长度
3.　　　content ← concrete(p)　　　　　　//生成变量 p 对应的具体值
4.　**end if**
5.　**if**　符号执行开始对变量 p 的路径约束进行求解 **then**
6.　　　Solver ← 将变量 p 的长度和具体值传给求解器
7.　　　res ← 约束求解后得到结果
8.　　　**return** res
9.　**end if**

1.3.4　动静结合的符号执行引导算法

动静结合的符号执行引导算法要解决的是混合执行过程中缺乏导向性的问题。具体应用场景是当利用符号执行生成能够到达靶向点的测试用例时，避免符号执行在不必要的路径上花费太多时间。解决思路是首先结合模糊测试信息与程序静态分析内容，确定程序的靶向点，即需要利用符号执行到达程序中的基本块。其次对能够到达靶向点的基本块赋予静态优先值。然后在符号执行过程中，根据符号执行的状态执行到不同静态优先值的基本块来动态改变此状态优先值。最后选择优先值最高的符号执行状态继续执行，避免在不相关路径上消耗时间和资源。

(1) 获取靶向点和到达靶向点的路径。

(2) 对到达靶向点的路径上的基本块设置静态优先值。

(3) 在符号执行过程中，动态改变状态的优先值。

下面我们对这三个步骤进行详细介绍。

1) 获取靶向点和到达靶向点的路径

当对包含复杂路径约束的程序进行模糊测试时，在测试一定时间后，程序的覆盖率往往得不到进一步提升。此时需要结合已有的程序覆盖基本块信息和程序控制流图生成靶向点。具体来说，通过静态分析模块来获取程序控制流图，除了包含基本的起始地址、结束地址、基本块大小等信息外，还额外处理了基本块的前驱块信息和后继块信息。系统选择已覆盖基本块的未到达的后继块作为靶向点，然后从靶向点做后向数据流分析，遍历所有基本块的前驱基本块直到获得到达靶向点路径的所有基本块集合 P。如图 1-5 所示，基本块 D、G 是靶向点，通过控制流图中给出的前驱块信息，就可以获得可到达靶向点路径的基本块集合 P 为 $\{A, B, E\}$。

2) 设置基本块静态优先值

对基本块设置静态优先值，首先需要考虑基本块之间的距离信息。常用的基本块间距离计算方式仅考虑到基本块之间的基本块数目，但是由于靶向点可能不止一个，普通的距离计算方法无法很好地衡量一个基本块到靶向点的远近，所以本节提出基于权重的靶向点距离计算方法。该方法的核心思想是根据基本块到各个靶向点所经过基本块的数目来给基本块分配不同的权重，所经过的基本块数目越小则权重越高。具体计算公式如下：

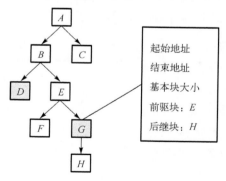

图 1-5　获取到达靶向点路径图示

$$D_t(b,T) = \sum_{i=1}^{n}\left(\frac{N_i}{2^i}\right), \quad b \in P \tag{1-5}$$

由上述公式可知，基本块离靶向点的距离越远则分配的权重越小。表 1-3 列出了上述距离计算公式中出现的变量及其含义。

表 1-3　基于权重的靶向点距离计算公式变量表

符号	解释
$D_t(b,T)$	基本块 b 到目标基本块集合 T 的距离
b	当前衡量的基本块
T	目标基本块集合
P	可达目标基本块路径上的基本块集合
N_i	基本块 b 到第 i 个目标基本块的可达路径上的基本块数目
$\frac{1}{2^i}$	与 N_i 相关的权重
n	集合 T 中的基本块数目

如图 1-6 所示，靶向点集合为 $\{d, g\}$。根据静态分析得到的程序控制流图做后向数据流分析，可以得到所有可达靶向点路径的基本块的集合 $\{a, b, e\}$。那么基本块 a 到达靶向点的综合距离就为 a 到 d 的距离乘以权重 $\frac{1}{2}$ 与 a 到 g 的距离乘以权重 $\frac{1}{4}$ 的和。通过这种计算方式就能够依次得出基本块 a、b、e 到靶向点集合的综合距离。

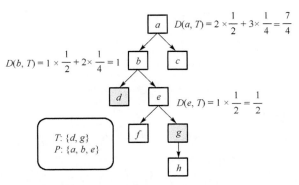

图 1-6　基本块距离计算

接下来根据基本块到达靶向点集合的距离来计算基本块对应的静态优先值。为了方便后续动态地改变状态优先级，需要给距离更近的基本块赋予更高的静态优先值，所以使用距离的倒数乘以定值的方法来进行计算。基本块静态优先值计算公式如下：

$$\text{Pri}(b) = \frac{n}{\lceil D_t(b,T) \rceil}, \quad b \in P \tag{1-6}$$

表 1-4 列出了基本块静态优先值计算公式中出现的变量及其含义。该公式以基本块距离公式为基础，使用其倒数乘以到达靶向点路径上的基本块数量。

表 1-4　静态优先值公式变量表

符号	解释
$D_t(b,T)$	基本块 b 到目标基本块集合 T 的距离
$\text{Pri}(b)$	基本块 b 的静态优先值
T	目标基本块集合
P	可达目标基本块路径上的基本块集合
n	集合 T 中的基本块数目

根据上述公式得到的基本块静态优先值如图 1-7 所示。从图中可以看出，距离靶向点越近的基本块的静态优先值越高。

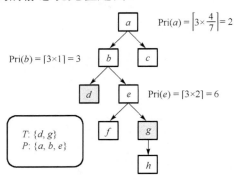

图 1-7　基本块静态优先值计算

3）动态改变状态的优先值

一个合格的多靶向点引导算法，既要保证能够在一定时间内探索到足够多的靶向点，也要保证在探索某个靶向点时不会消耗过多的时间。由于符号执行中约束求解器的局限性，并不是每个靶向点的路径约束都能够求解成功，并生成对应的测试用例。所以在合适的时间内生成尽可能多的可达靶向点的测试用例是多靶向点引导算法能否成功的关键。本节提出动态改变状态的优先值方法，当状态到达路径上的基本块时，状态优先值更新为当前基本块的静态优先值。当状态到达路径外的基本块时，状态优先值减 1。每次选择当前优先值最高的状态继续执行，保证可达靶向点的同时避免在不合理的路径上消耗大量时间。

　　动态改变状态优先值的流程如算法 1-4 所示，当状态还没有到达靶向点时，它会从程序入口对应的基本块开始执行(第 1 行)。当状态到达基本块 b 时，如果基本块 b 是到达靶向点路径上的基本块，即集合 P 中的基本块，那么当前状态的优先值修改为当前基本块的静态优先值(第 2～4 行)。如果基本块 b 不是到达靶向点路径上的基本块，即不在集合 P 中，那么当前状态的优先值减 1(第 6～7 行)。当状态到达靶向点集合中的基本块时，调用求解器会生成新的测试用例。通过对符号执行的引导，使新的测试用例能逐步到达被测程序的代码深层，尝试挖掘代码深层中的漏洞。

算法 1-4　动态改变状态优先值并生成新输入

输入：符号执行当前的执行状态 state

输出：约束求解得到的新输入 newseed

1.　**while**　符号执行状态 state 不能覆盖目标基本块集合 T　**do**

2.　　　state 可达的基本块 b

3.　　　**if**　基本块 b 在可达目标基本块路径上的基本块集合 P 中 **then**

4.　　　　　Pri(state) ← 将当前基本块 b 的静态优先值赋予当前状态

5.　　　**end**　**if**

6.　　　**if**　基本块 b 不在可达目标基本块路径上的基本块集合 P 中 **then**

7.　　　　　Pri(state) ← 将当前状态的优先值减 1

8.　　　**end**　**if**

9.　**end while**

10.　求解器求解新的输入 newseed

11.　**return** newseed

1.4　基于方向感知的模糊测试方法

　　模糊测试是一种简单而流行的技术，广泛用于检测软件漏洞。然而，模糊测试过程中仍然具有很大的盲目性。例如，模糊测试变异生成的输入是随机的，无法通过程序中大量的安全性检查，导致漏洞检测率较低。无效变异通常会导致重要的种子被丢弃，从而难以对被测程序更深层次的代码做进一步的测试。为此，本节提出了一种方向感知的模糊测试方法 AFLPro，在保证 AFL 固有优势的前提下，增加模糊测试的导向性，使其更容易变异出满足程序安全性检查的输入，提升漏洞挖掘的成功率。

1.4.1　情况概述

1. 优化种子选择

为了克服模糊测试过程中新输入生成的随机性和盲目性，应采取适当的种子选择策略和选择适当的种子变异方向。AFL 将程序中条件分支的源地址和目标地址看成一个元组(tuple)，AFL 使用快速算法来选择覆盖测试用例树的每个元组的较小的测试用例子集。如式(1-7)所示，对于覆盖某个元组的所有种子，如果某个种子的大小最小且执行时间最短，则 AFL 将该种子标记为 favorite。

$$f_{\text{afl}} = t_i l_i \tag{1-7}$$

其中，f_{afl} 表示种子能量；t_i 表示执行时间；l_i 表示种子大小。

在 AFL 的模糊测试过程中，仅会选择那些标记为 favorite 的种子进行下一步的变异操作。这意味着如果被选择的 favorite 种子不是正确的测试方向，AFL 将花费大量时间和资源去探索不重要的代码区域，使 AFL 很难找到目标程序中的错误或漏洞。

如图 1-8 所示，假设被测程序的初始输入是"Fuzz"，在 AFL 的模糊测试期间可能会有以下两类错误的种子选择。

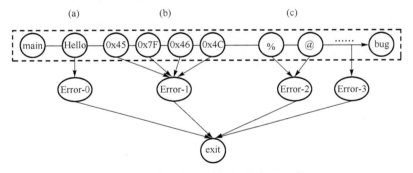

图 1-8　程序控制流示意图

被测程序的模块(a)中有字符串匹配检查。假设 AFL 在模糊测试期间将初始种子变异为"Fullo"。然后"Fuzz"和"Fullo"作为输入都执行到错误代码块 Error-0处，两个种子的执行路径相同，因此种子执行时间也可认为是相同的。种子"Fuzz"的长度比"Fullo"短，所以当使用 f_{afl} 为第一个元组((main 函数入口的基本块，检查输入是否含 Hello 的基本块)，将该元组简写为(main，Hello))选择最佳种子时，AFL 会选择"Fuzz"。但实际上，无论从程序语义还是信息熵或汉明距离的角度来看，"Fullo"都是比"Fuzz"更好的种子，更有可能变异出"Hello"。

假设在 AFL 测试过程中得到的两个种子"Hello \ x45 \ x7F \ x46 \ x4C"和"Hello \ x45 \ x7F \ x46 \ x4C%"都触发了一个相同的新分支。当 AFL 根据 f_{afl} 为元组(0x46，0x4C)选择种子时，长度较短的种子"Hello \ x45 \ x7F \ x46 \ x4C"会被进一步测试，也会导致 AFL 偏离正确的测试方向。

基于上述分析可以得出下面两个结论来改进种子选择的策略：①AFL 变异产生新种子的语义信息很重要；②对于覆盖同一元组的所有种子，每个种子所执行的下一个基本块很重要。

为了增强模糊测试的方向性，VUzzer 采用路径优先级策略，通过静态分析计算基本块权重来确定路径方向的重要性。因此，采用和 VUzzer 类似的技术可以缓解前面提到的第二类种子选择错误的情况。AFLPro 将静态分析技术整合到 AFL 中，通过静态分析提取数据流特征为模糊测试提供语义信息；通过静态分析提取控制流特征来区分路径的重要性，为种子选择提供更好的指导和支持。

2. 优化种子变异

AFL 基于生物进化的循环反馈机制实现对程序的模糊测试，正反馈有利于 AFL 的进一步测试。在种子变异阶段，"好"的变异结果被记录并用于下一代的变异，即使这些被记录的变异之间也存在很大差异。例如，它们执行路径的重要性以及它们自身可以利用的价值是影响下一代变异的重要因素。因此，对于这些"好"的变异结果，AFL 通过能量调度算法为其分配更多的能量。种子拥有较高的能量意味着它所执行的路径更重要，其变异结果也更有价值。因此，种子能量越高，AFL 为其分配的变异机会就越多。

AFL 的能量分配策略是基于种子的属性特征，即种子本身的可用价值，而不考虑种子所执行路径的重要性。基于此，AFLFast 引入了路径的重要性因子，并且认为低频路径的种子更重要。本节受 AFLFast 的启发，在 AFLPro 中提出了一种新型的能量分配策略，可以更好地利用路径的重要性和种子本身的价值来优化种子变异策略。

1.4.2　AFLPro 系统框架

为了解决前面提到的挑战，本节提出 AFLPro——一种强大的方向感知模糊测试工具。图 1-9 展示了 AFLPro 的主要流程，它主要由自动化的静态分析模块和自动化的模糊测试模块两部分构成。

1) 自动化的静态分析模块

自动化的静态分析模块基于 IDAPython 实现，它的输入为无源代码的二进制程序。首先，该模块自动生成被测程序的数据流图(data flow graph，DFG)和 CFG。

然后，通过 DFG 收集包括字节信息和字符串信息的数据流信息(data flow information，DFI)。同时，还通过将 CFG 获得的基本块信息与本节提出的权重计算模型相结合，以获得基本块控制流信息(control flow information，CFI)。自动化的静态分析模块的输出是 DFI 和 CFI，它们存储在两个不同的文件中。DFI 和 CFI 的格式表示如图 1-10 所示，其中的 BB 表示"基本块"。

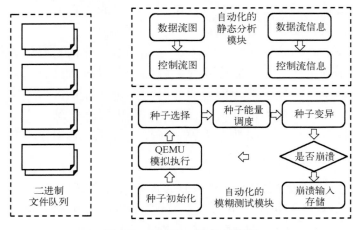

图 1-9　AFLPro 的主要流程

```
1    DFI: string_i = "XXXX"
2    CFI:  BB address, BB weight, branch BB address
```

图 1-10　DFI 和 CFI 的示例

静态分析阶段所需的总时间以秒计算，与模糊测试阶段的时间开销相比完全可以接受。因此，在整个漏洞挖掘的过程中可以忽略静态分析的成本，这也是 AFLPro 选择静态分析技术来辅助漏洞挖掘的重要原因。

2) 自动化的模糊测试模块

自动化的模糊测试模块基于 AFL 实现，因此该模块的输入和输出也与 AFL 相同，即输入是初始的种子，输出是可能导致程序崩溃的输入。

除此之外，自动化的模糊测试模块的输入还包括自动化的静态分析模块提供的 CFI 和 DFI。在模糊测试期间，该模块从优先级队列中获取种子。该模块在代表性原则、多样性原则、优先级原则的指导下为每个元组选择种子，然后调整种子队列的优先级，为下一次模糊测试提供更优质的种子。具体地，AFLPro 提出基于 CFI 的种子适应度计算模型，并且结合局部和全局权重信息来为种子选择提供更好的方向指导。

在完成种子选择之后，自动化的模糊测试模块应用种子能量分配策略来指导种子变异的方向，期望为模糊测试工具提供高质量的反馈。AFLPro 提出的种子能量分配策略是基于前述能量调度函数和变异策略来实现的，主要是出于对模糊测试路径和种子本身价值的重要性的综合考虑。

种子变异的次数由种子能量决定。在完成种子能量分配后，自动化的模糊测试模块根据自动化的静态分析模块提供的语义信息对种子进行变异，以此来解决前面提到的模糊测试中第一类错误检查问题。

综上所述，AFLPro 结合自动化的静态分析模块和自动化的模糊测试模块，综合考虑种子权重、种子能量和语义信息，从种子选择、种子能量分配和种子变异三个方面提高模糊测试对方向的感知度。

1.4.3　基本块权重计算

AFLPro 基于 AFL 实现，其程序分析的基本单位是代码基本块或路径分支。AFLPro 使用静态分析方法收集每个函数的基本块信息，进一步计算每个基本块的权重和元组的概率。AFLPro 通过这些基本块信息来辅助确定路径方向，并在动态模糊测试过程中辅助种子的动态选择。AFLPro 改进了 VUzzer 中的定点迭代算法来计算基本块权重。在一般的漏洞检测过程中，程序特定异常位置所在路径通常是唯一的，路径中的节点通常只有一个父节点。特别是对于高级代码语言，如图 1-11 中的嵌套 if 语句。

```
if (buf[1] == 0x45 && buf[0]== 0x7F && buf[3]==0x46 && buf[2]==0x4c)
```

图 1-11　嵌套 if 语句

该嵌套 if 语句在汇编代码级是由多个连续基本块或多个元组组成的多条路径，如图 1-8 中的模块 (b)。但事实上，高级语言的理解形式更符合人类的思维方式。如果不满足构成 if 语句的这些连续基本块所包含的判断条件，则程序仍处于未通过 if 条件的状态。当组成 if 语句的一个或多个连续基本块条件检查失败时，它们都到达相同的错误基本块，该基本块通常具有多个父节点。

因此，基于父节点的唯一性分析，本节提出了基本块聚合（简称 BB-Aggregation）思想。也就是说，通过确定当前基本块的父节点，来区分具有多个父节点的基本块和具有较少父节点的基本块。AFLPro 对这两类基本块按照下面的公式做不同的处理：

$$\eta = \frac{1}{\sum\limits_{c \in \mathrm{pred}(b)} \mathrm{prob}(b)\mathrm{prob}(e_{cb})}, \quad \delta = \frac{\mathrm{len}(\mathrm{pred}(b))}{\mathrm{len}(\mathrm{pred}(brob))}$$

$$w(b) = \begin{cases} \eta \log_2(\mathrm{len}(\mathrm{pred}(b)+1)), & \delta < 1 \\ \dfrac{1}{n \log_2(\delta+1)}, & \delta > 1 \end{cases} \tag{1-8}$$

其中，b 表示种子当前执行到的基本块；brob 表示 b 的兄弟基本块；$\mathrm{pred}(b)$ 表示基本块 b 的父基本块集合；c 表示 b 的父基本块；$\mathrm{len}(\mathrm{pred}(b))$ 表示 b 的父基本块数量；$\mathrm{len}(\mathrm{pred}(brob))$ 表示 b 的父兄基本块数量；e_{cb} 表示元组 (c,b)；$\mathrm{prob}(b)$ 表示生成基本块 b 的概率；$\mathrm{prob}(e_{cb})$ 表示生成元组 (c,b) 的概率；$w(b)$ 是当前基本块 b 的权重；δ 为概率区间函数。

如图 1-8 所示，两个模块 (b) 和 (c) 是 BB-Aggregation 处理后的结果，为具有更多父节点的兄弟基本块分配较小的权重，为具有较少父节点的兄弟基本块分配较大的权重。以为图 1-8 中的元组 (0x4C, %) 进行种子选择为例，假设现在有两个种子，第一个种子的路径朝向是基本块 Error-2，第二个种子的路径朝向是满足 % 判断条件的基本块 @。这两个种子都会触发一个新元组并提高代码覆盖率，这使 VUzzer 很难在两种情况下区分这两个种子的重要性。但实际上第二个种子更可能触发正确的测试路径。

基于此，AFLPro 利用 BB-Aggregation 思想，计算出 nextB 基本块 % 的权重显著高于 nextB 基本块 Error-2 的权重，因此，选择执行方向为经过元组 (0x4C, %) 到达基本块 % 的种子，这样可以尽可能避免错误的测试方向。

1.4.4 种子选择

程序执行路径上的元组进行种子选择时，AFLPro 提出种子选择应遵循以下三个原则。

原则 1：最重要的是确定此元组对应的所有种子的下一步意图，即计算由这些种子执行的下一元组的目标基本块权重。为清楚起见，使用 nextB 表示下一个元组的目标基本块。因此，nextB 的权重应该是计算元组种子适应度的重要因素。

原则 2：对于有相同意图的种子，种子越接近执行路径上的异常位置，则赋予种子越高的权重。因此，种子的权重是计算适应度的第二个重要因素。

原则 3：对于权重相同的种子，应选择长度较短、执行时间较短的种子作为元组的最佳种子，尽可能地保证种子选择过程中的正确测试方向。

在以元组为单位的种子选择阶段，AFL 使用 QEMU 对二进制程序进行模拟执行。AFLPro 在 AFL 的基础上增加了一条插桩指令，用于在动态执行基本块时获取其地址，可以在保证快速稳定执行的同时有效降低性能开销。值得一提的是，当检测到可能导致 QEMU 崩溃的程序时，AFL 中的进程管理机制设置使 QEMU 和被测程序在同一子进程中运行，因此不会终止当前的漏洞检测进程。即正在测试但可能导致 QEMU 或 AFL 崩溃的程序不会影响模糊测试流程的正常执行。

在此阶段，AFLPro 将动态和静态组件中收集的基本块信息进行映射。然后，基于原则 1 和 BB-Aggregation 思想，利用在 1.4.3 节中提出的权重计算模型来计算 nextB 的权重。

根据原则 1 选择一组具有相同局部测试方向的种子后，仍然需要从这些种子中做出最佳选择。利用原则 2 对每个种子执行路径上的所有基本块权重进行加和，加和结果用 w_q 来表示。优先选择具有更高 w_q 的种子 q。与原则 1 相比，原则 2 是一种全局优化策略，它不仅考虑了整个路径的重要性，还衡量了种子的有效价值。

原则 3 考虑了模糊测试过程中的时间和资源开销。在确保种子的价值和模糊测试的方向后，还需要考虑模糊测试的性能开销。因此，利用原则 1 和原则 2 筛选种子后，仍需进行第三次选择，从候选种子中选择性能开销最小的种子作为最佳种子。

基于以上三个原则，AFLPro 通过计算相同元组的所有种子的适应度，选择具有最高适应度的种子作为元组的最佳种子，该适应度函数定义为

$$f_{\text{new}} = \frac{[w(\text{nextB}) + \varepsilon]w_q}{\log_2(t_q l_q)} \tag{1-9}$$

注意：ε 小到足以确保分子不为零；$w(\text{nextB})$ 代表 1.4.3 节中的权重计算公式的结果；t_q 和 l_q 分别代表种子 q 的执行时间和种子的长度。

1.4.5　种子能量分配

根据前面提到的对种子能量分配影响因素的分析，AFL 根据幂定律（power law）分配种子能量，在此基础上，AFLPro 提出了自己的能量调度策略。根据生物进化理论，随着交叉变异代数的增加，生物种群变得越来越优秀。在模糊测试期间，将种子变异的代数看作种子的深度属性，它是能量调度的重要影响因素。AFLPro 提出了一种"子代变异"（generations-based mutation，GBMutation）策略，即随着种子深度的增加，为种子的后续种子变异分配更多的能量。

考虑到种子种群的适应性，AFLPro 还在 GBMutation 策略中添加了回退机制。当前一代的种子被执行一段时间仍然没有找到崩溃输入时，通过减少种子深度并从队列中重新选择种子来丢弃当代的所有种子。从另一个角度来看，GBMutation 策略的回退机制还可以防止种子"卡住"并及时替换测试用例。

此外，AFLPro 构建了 GBMutation 策略模型。如图 1-12 所示，GBMutation 策略允许保留每一代的最佳个体，保证生成的最佳个体不受交叉和变异等操作的影响，以确保算法的收敛性。

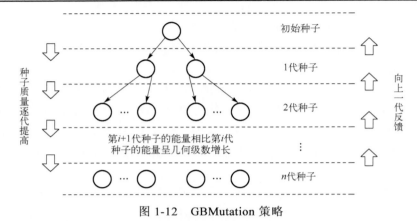

图 1-12　　GBMutation 策略

AFLPro 将 GBMutation 策略应用于种子能量分配，该能量分配公式定义为

$$p(i) = \begin{cases} \dfrac{2^{d(i)}}{\log_2(f(i)+2)}, & d(i) < \text{max\_gene} \\[4mm] \dfrac{2^{d(i)}}{\log_2(f(i)+2)2^{s(i)}}, & d(i) \geq \text{max\_gene} \end{cases} \quad\quad (1\text{-}10)$$

其中，$p(i)$ 表示分配给当前种子 i 的能量，即种子变异的次数；max_gene 表示允许的最大变异代数；$d(i)$ 表示种子的变异深度；$s(i)$ 表示种子 i 被从种子队列中选出来的次数；$f(i)$ 表示种子 i 执行的路径上，有多少个种子也执行过该条路径，即记录相同执行路径上的种子数。$s(i)$ 和 $f(i)$ 的增加将影响种子的进化速度，因此将它们放在分母中。AFLPro 的种子能量调度策略基于 AFLFast 实现，将其定义为

$$p(i) \propto \frac{s(i)}{f(i)} \quad\quad (1\text{-}11)$$

一方面，通过对 $f(i)$ 的监测，该能量调度策略仍然倾向于为低频路径上的种子分配较高的能量，并为高频路径上的种子分配较低的能量。另一方面，当 $d(i)$ 小于 max_gene 时，分配给种子的能量增加，但是当 $d(i)$ 等于 max_gene 时，种子能量值达到上限。为了防止高能量种子被唯一且连续地选择，AFLPro 对 $s(i)$ 进行监测，且随着从队列中选择种子的次数增加，分配给种子的能量以指数级减少。

1.4.6　语义信息收集

AFLPro 中的语义信息主要包括与 cmp 指令和字符串比较函数相关的字节信息和字符串信息。当在二进制程序中使用 cmp、cmpsb 和其他 cmp 指令，或使用

strncmp 和 memcmp 之类的字符串比较函数时，它通常是一个字符或字符串匹配的过程。AFL 采取随机变异方式，很难通过这样的检查，导致模糊测试进入错误的方向，使模糊测试过程停滞不前。因此，AFLPro 使用静态分析来收集信息并将其用于指导种子的变异。

AFLPro 通过收集比较指令中的立即数来提取指令级的语义信息。如图 1-8 所示，模块(b)和模块(c)的每个判断指令中的所有单字节比较信息都属于这种类型的信息。对于函数级别的语义信息，AFLPro 收集比较指令中存在的字符串信息，在调用函数之前设置函数参数(如 mov、push 等)。这种比较信息主要包括多字节信息。如图 1-8 所示，模块(a)中包含的基本块中的字符串"Hello"就是这样的信息。

AFLPro 收集单字节和多字节比较信息，并使用此信息实现种子的变异。同时，该信息的收集在一定程度上解决了 AFL 在种子选择阶段遇到的第一类错误检查问题。

1.5　实验与结果分析

1.5.1　导向性堆漏洞挖掘性能评估

1. 实验设计

所有实验均运行在 Intel® Xeon® CPU E5-2609 v4 @ 1.70GHz(总共两个内核)和 16GB 随机存取存储器(random access memory，RAM)的 Ubuntu 14.04 LTS 系统上。为了比较 MDFuzz 与其他典型模糊测试工具的效果，选取典型真实的漏洞验证程序集合。如表 1-5 所示，该数据集包含 7 个被广泛使用的真实程序，表格的前五列分别表示已知漏洞的 CVE-ID、程序名称、软件版本、程序大小和漏洞类型，最后一列是程序运行参数。

表 1-5　测试目标程序信息

软件项目信息					设置
CVE-ID	程序名称	软件版本	程序大小	漏洞类型	程序运行参数
CVE-2015-5221	jasper	1.900.1	746KB	UAF	-f file -t mif -F /dev/null -T jpg
CVE-2017-18120	gifdiff	1.9.0	113KB	DF	file file
CVE-2018-6359	swftophp	0.4.8	369KB	UAF	file
CVE-2016-4487	cxxfilt	2.26	3.7MB	UAF	cat file
CVE-2019-6455	rec2csv	GNU Recutils 1.8	591KB	DF	file
gifsicle-issue-122	gifsicle	1.9.0	363KB	DF	file file
gifsicle-issue-123	gifsicle	1.9.0	363KB	UAF	file file

　　本实验将 MDFuzz 与当前三种最先进的模糊测试工具进行比较，即 AFL[19]、AFLFast[9]和 VUzzer[39]。其中，AFL 是一种基于代码覆盖率的灰盒模糊测试工具，它的整个模糊测试过程建立在遗传算法之上，有很高的效率和稳定性，是目前学术界和工业界最流行的模糊测试工具。AFLFast 是 AFL 的改进版本，它基于马尔可夫链模型改进了 AFL 中的能量分配函数。AFLFast 更倾向于选择覆盖"低频"路径的种子。VUzzer 是一种基于污点分析的模糊测试工具，它可以通过污点分析来推断对输入中哪些字节进行变异以及怎么变异，可以探索更深层次的路径来发现程序中的漏洞。为了保证测试的公平性，本实验中使用相同的目标测试程序、初始种子和测试时长来评估 MDFuzz 和其他模糊测试工具。

　　本实验主要从堆漏洞的角度来评估不同模糊测试工具的漏洞挖掘能力，但往往堆漏洞可能不会导致程序崩溃。因此，本实验使用 Address Sanitizer 来评估每一轮实验中模糊测试工具所生成的输入，检测是否触发堆漏洞以及进行漏洞去重。Address Sanitizer 是一款针对 C/C++代码的内存错误检测工具，它通过对源码重新编译的方式，将检测内存访问的逻辑插入原有代码中。为了标识漏洞的唯一性，一般利用 Address Sanitizer 在程序发生内存错误时提取函数调用栈，然后计算前 N 个函数的哈希值作为当前漏洞的标识。根据已有研究工作[40]，为了平衡漏洞唯一性标识的开销和准确性，本实验将 N 设置为 4。例如，图 1-13 是 CVE-2015-5221 的漏洞信息(UAF)和函数调用栈信息，使用前 4 个函数 jas_tvparser_destroy、mif_process_cmpt、mif_hdr_get 和 mif_decode 来表示此漏洞。

```
ERROR: AddressSanitizer: heap-use-after-free on address
 0xb66004f0 at pc 0x811424c bp 0xbfffe2f8 sp 0xbfff2ec READ of size 4 at
0xb66004f0 thread T0
  #0 0x811424b jas_tvparser_destroy jas_tvp.c:111
  #1 0x810411f mif_process_cmpt mif_cod.c:587
  #2 0x8103998 mif_hdr_get mif_cod.c:497
  #3 0x8101332 mif_decode mif_cod.c:166
  #4 0x804d86c jas_image_decode jas_image.c:372
  #5 0x8049d4c main jasper.c:229
```

图 1-13　CVE-2015-5221 的 Address Sanitizer 的函数调用栈

2. 漏洞挖掘能力

　　Klees 等[40]提出衡量模糊测试工具的有效标准是挖掘出不同漏洞的数目。本实验基于表 1-5 中所列的被测程序来评估 MDFuzz 和其他模糊测试工具的漏洞挖掘能力，对每个被测程序重复测试 3 次，每一次的测试时长设置为 24h。

　　实验结果如表 1-6 所示，表格第一列代表每个漏洞对应的 CVE-ID，其余列是本次漏洞挖掘能力评估的实验结果。本实验使用曝光时间（time to exposure，TTE）来表示模糊测试中生成第一个触发漏洞的输入所需的时间，μTTE 列表示三次实验的 TTE 平均值。如果一个模糊测试工具在给定运行时长内未能触发漏洞，则其 TTE 被统一记录为 24h。MDFuzz 通过静态分析来计算模糊测试所需的距离信息，用静态分析时间（static analysis time，SAT）来表示该阶段的时间开销。如表 1-6 所示，MDFuzz 中的静态分析阶段的平均用时 SAT 为 1.41h，与 VUzzer 的时长 23h 相比是完全可以接受的。表 1-6 中的 Run 表示在三次实验中成功触发漏洞的次数，如果模糊测试工具在三次实验中都没有触发漏洞，用符号"-"来表示。

表 1-6　漏洞挖掘实验结果

CVE-ID	MDFuzz			VUzzer		AFL		AFLFast	
	SAT/h	μTTE/h	Run	μTTE/h	Run	μTTE/h	Run	μTTE/h	Run
CVE-2015-5221	0.92	0.42	3	-	0	-	0	-	0
CVE-2017-18120	0.1	2.57	3	17	1	3.22	3	17.1	3
CVE-2018-6359	3.04	4.93	3	-	0	3.85	3	2.17	3
CVE-2016-4487	3.07	1.12	3	-	0	-	0	-	0
CVE-2019-6455	1.02	0.35	3	-	0	0.61	3	0.42	3
gifsicle-issue-122	0.77	2.23	3	-	0	7.14	3	7.08	3
gifsicle-issue-123	0.77	13.18	3	-	0	-	0	-	0
遗漏的漏洞数目/个	0			6		3		3	
平均用时/h	1.41 + 3.54			23		12.4		14.11	

从漏洞挖掘的效率来看，MDFuzz 花费的时间最少（平均 4.85h），而其他工具则慢得多（平均 16.5h）。MDFuzz 的效率比 VUzzer 提升 3.74 倍，比 AFL 提升 1.56 倍，比 AFLFast 提升 1.91 倍。表 1-6 中遗漏的漏洞（missed vulnerabilities）数目表示模糊测试工具在实验中没有触发的漏洞数目。AFL 和 AFLFast 在三次实验中漏掉了 3 个漏洞，VUzzer 漏掉了 6 个漏洞。对于存在于被测程序浅层代码中的漏洞（CVE-2018-6359、CVE-2019-6455），除 VUzzer 外，MDFuzz、AFL 和 AFLFast 都能在较短的时间内检测到它们。经过分析后发现，VUzzer 更加关注如何引导模糊测试到达被测程序中更深的位置。然而，被测程序的深层代码并不会包含更多的漏洞。因此，VUzzer 在模糊测试中的引导策略在此处不能很好地发挥作用。AFL 和 AFLFast 是基于代码覆盖率的模糊测试工具，这意味着它们有较大的概率来挖掘出浅层代码中的漏洞。如 1.2.5 节所述，MDFuzz 在适应度函数中考虑到了代码覆盖率，因此它也可以检测到这些浅层漏洞。然而，由于污点分析的成本较高，MDFuzz 在 CVE-2018-6359 上花费的时间 μTTE 比 AFL 和 AFLFast 要长。对

于剩余的难以触发的漏洞，MDFuzz 的表现要优于其他工具。这是因为 MDFuzz 可以引导模糊测试过程以特定顺序到达每个目标点以触发 UAF 漏洞。

如表 1-7 所示，MDFuzz 在被测程序 swftophp 中发现了 3 个堆缓冲区溢出 (heap-buffer-overflow)漏洞。分析后发现，这 3 个堆缓冲区溢出漏洞与 CVE-2018-6359 具有相似的函数调用栈。MDFuzz 还挖掘出 4 个尚未被公开的漏洞(0day)，将这些漏洞报告给厂商后，目前已经获得一个 CVE-ID(CVE-2021-37322)。

表 1-7　MDFuzz 挖掘出的新漏洞

程序名	软件版本	漏洞类型	函数调用栈	漏洞报告
swftophp	0.48	堆缓冲区溢出	decompileCALLFUNCTION decompileAction decompileActions decompile5Action OpCode decompileSETMEMBER decompileAction decompileActions OpCode decompileINCR_DECR decompileAction decompileActions	CVE-2017-11734 CVE-2017-11728 CVE-2017-11730
		内存分配失败(memory allocation failure)	readBytes parseSWF_DEFINEBITSPTR blockParse parseSWF_DEFINESPRITE readBytes parseSWF_UNKNOWNBLOCK blockParse parseSWF_DEFINESPRITE	Github Issue #215 Github Issue #216
cxxfilt	2.26	UAF	register_Btype demangle_qualified do_type do_arg register Btype demangle_fund_type do_type do_arg	GCC Bugzilla－Bug 99188 GCC Bugzilla－Bug 99189

3. 代码覆盖率

由于 MDFuzz 使用 VUzzer 中的方法来统计代码覆盖率，所以在本实验中通过与 VUzzer 的对比来评估 MDFuzz 在模糊测试中的代码覆盖率。VUzzer 通过为程序中深层的基本块分配更高权重来引导模糊测试尽量测试深层代码区域。MDFuzz 基于 VUzzer 实现，目标是在有限的时间内发现更多的堆漏洞(UAF、DF)，而不像 VUzzer 那样去探索更深层的代码路径。本实验的结果表明 MDFuzz 在实现其目标的前提下仍能保持相当高的代码覆盖率。

在本实验中，MDFuzz 和 VUzzer 分别对每个被测程序测试 24h，MDFuzz 在所有被测程序中的最终代码覆盖率都比 VUzzer 高。在对 jasper、swftophp、giffdiff 和 gifsicle 的测试过程中，MDFuzz 的代码覆盖率明显高于 VUzzer。但在对 cxxfilt 和 rec2csv 的前 14h 的测试中，MDFuzz 的代码覆盖率不如 VUzzer。主要原因是 MDFuzz 的模糊测试过程是基于目标导向的，这意味着只有当种子到达其特定目标点时，才能继续测试目标点后的代码，从而显著提高代码覆盖率。

1.5.2　混合执行漏洞挖掘能力评估

1. 实验设计

本节主要评估动静结合的符号执行引导算法的有效性和系统在漏洞挖掘方面的能力。所有实验都是在 Linux 16.04 上进行的,其配置是 i7 6700K CPU(4.00GHz)和 64GB 的主内存。本实验主要使用两个数据集 RHG 2019 和 RHG 2021。RHG 2019 数据集来自 2019 年在中国武汉举行的机器人黑客大赛(robo hacking game, RHG),它包含 15 个二进制文件,可分为 5 类:栈溢出漏洞、整数溢出漏洞、格式化字符串漏洞、逻辑漏洞和堆溢出漏洞。RHG 2021 数据集来自 2021 年在中国海南举行的 RHG,它包含 10 个二进制文件,可分为栈溢出漏洞、逻辑漏洞、条件竞争漏洞、格式化字符串漏洞和堆溢出漏洞共 5 个类型。这两个数据集统计数据如表 1-8 所示。

表 1-8　实验数据集

漏洞类型	RHG 2019		RHG 2021	
	数量	二进制文件	数量	二进制文件
栈溢出漏洞	7	B1、B3、B4	4	
格式化字符串漏洞	3		1	
整数溢出漏洞	1	B8	0	—
逻辑漏洞	1		2	B2、B5
条件竞争漏洞	0	—	1	
堆溢出漏洞	3		2	

在评估动静结合的符号执行引导算法的有效性实验中,本实验选取 S2E 和 Angr 与系统进行对比。S2E 是一个用于分析软件系统属性和行为的平台。到目前为止, S2E 已被用作开发综合性能分析器、专有软件的逆向工具和发现内核模式及用户模式二进制文件漏洞的工具。Angr 是一个结合静态和动态符号分析、用 Python 编写的二进制分析框架。在衡量系统漏洞挖掘能力的实验中,选取 AFL 和 Driller 与系统进行对比。 AFL 是由谷歌前安全研究员迈克尔·扎莱夫斯基 (Michal Zalewski)开发的模糊测试工具,它使用编译时插装和遗传算法自动查找可能导致目标二进制文件产生新内部状态的测试用例。Driller[41] 是一种基于 AFL 的模糊测试工具。Driller 在 AFL 的基础上添加了一个动态符号执行引擎。当模糊测试卡住时, 采用动态符号执行来突破这些限制, 生成新的输入以满足模糊测试的需要, 从而使模糊测试能够继续执行。

2. 动静结合符号执行引导算法

本实验使用 RHG 2021 数据集中两个含有逻辑漏洞的程序作为测试程序，以验证动静结合的符号执行引导算法是否有效。分别使用 Angr、S2E 原本的符号执行算法和动静结合的符号执行引导算法运行同一个程序，比较它们到达目标点后生成测试用例所需的时间。经实验可知，动静结合的符号执行引导算法比其余两种算法更加高效，而且被测程序结构越复杂，效果越明显。

3. 漏洞挖掘能力评估

本实验使用 RHG 2019 数据集验证系统在漏洞挖掘方面的效率。使用 AFL、Driller 和本系统分别挖掘 B1、B3、B4、B8 中的漏洞，可以观察到本系统对多数程序的漏洞挖掘效率优于 AFL 和 Driller。对于 B3，本系统和 Driller 要慢于 AFL，原因主要是 B3 程序结构简单，仅包含一个输入函数。通过这个函数就可以触发栈溢出漏洞，不需要调用额外的函数。而本节提出的系统在正式开始漏洞挖掘前要做一些准备工作，因此会花费一些额外的时间。

1.5.3　方向感知漏洞挖掘性能评估

1. 实验设计

本节通过实验证明 AFLPro 在保证 AFL 的快速、高效和稳定的优势前提下，还可以克服模糊测试中的盲目性来通过被测程序中的安全性检查。AFLPro 和 AFL 运行在装有 Ubuntu 16.04，配置为 64 位 4 核 CPU 和 4GB RAM 的虚拟机上。但为了运行某些特定的程序，VUzzer 安装在 32 位 4 核 CPU 和 4GB RAM 的 Ubuntu 14.04 系统的虚拟机上。AFLPro 使用 DARPA 的 CGC 数据集对种子变异阶段的能量分配策略进行单独验证。对于 AFLPro 的整体漏洞挖掘效果，选择中间件漏洞自动化注入大规模(large-scale automated vulnerability addition for middleware，LAVA-M)数据集和几个真实世界的程序来进行测试。此外，还通过实验验证了插桩优化的必要性，且插桩优化可以用作 AFLPro 未来改进的研究方向。

2. CGC 数据集实验评估

为了证明本节提出的能量调度策略的效果，本节基于 DARPA CGC 数据集进行验证。CGC 的赛题二进制文件是专门设计的程序，旨在包含代表各种崩溃软件缺陷的漏洞。此外，本实验通过控制单个变量的方式来确保对 AFLPro 中 GBMutation 的能量调度策略的有效性。即 AFLPro 能量调度模型被单独集成到 AFL 中，由 GBM(AFLPro)表示。AFLFast 是一种基于 AFL 的改进工具，因此本实验仅将 AFLFast 和 GBM(AFLPro)在 CGC 数据集上做对比。

如表 1-9 所示，实验给出了五个典型 CGC 二进制文件的实验对比结果。第 2 列和第 3 列分别显示了 AFLFast 和 GBM（AFLPro）在 1h 内挖掘出的"异常"（crash）数量。最后一列的备注部分是对实验数据的补充。在 CGC 数据集上的实验使用并行模糊测试，"-M"表示模糊测试中的确定性种子变异策略，"-S"表示非确定性种子变异策略。以被测程序 CADET_00003 为例，avg（20×4（-S））表示使用四个并行模糊进程进行非确定性模糊测试，4 个并行模糊进程执行 1 轮花费 1h。本实验共进行 20 轮测试，并计算所有实验数据的平均值作为最终实验结果。同样，avg（20（-M））意味着使用 1 个模糊测试进程来执行确定性模糊测试。以 1 轮 1h 为单位，共进行 20 轮模糊测试并计算所有实验数据的平均值作为最终实验结果。

表 1-9　漏洞挖掘数目

程序名	AFLFast	GBM（AFLPro）	备注
CADET_00003	33/91	75/180	avg（20×4（-S））/avg（20（-M））
CROMU_00046	75	80	avg（10×4（-S））
CROMU_00065	185	193	avg（10×4（-S））
CROMU_00087	1	4	avg（10×4（-S））
CROMU_00071	24/94	27/97	avg（10（-M））/avg（10×4（-S））

表 1-9 中的实验结果证明 GBM（AFLPro）的漏洞检测能力优于 AFLFast。此外，对这些触发漏洞的"异常"进行漏洞利用实验后，发现 AFLPro 获得的"异常"的质量高于 AFLFast。漏洞利用实验是基于 Rex 工具完成的，它分别使用 AFLFast 和 GBM（AFLPro）生成的"异常"来进行漏洞利用，最终获得从"异常"到漏洞利用的转换率。实验结果表明，GBM（AFLPro）的漏洞利用转换率比 AFLFast 高出约 10 个百分点。以 CROMU_00071 为例，GBM（AFLPro）的漏洞利用转换率为 26.8%，而 AFLFast 的漏洞利用转换率为 15.8%。在漏洞利用转换率方面，GBM（AFLPro）比 AFLFast 高 11 个百分点。

3. LAVA-M 数据集的实验评估

自从 LAVA-M 数据集被构建以来，它已成为研究人员评估模糊测试工具的标准数据集之一。LAVA-M 由 4 个 Linux 程序组成：base64、who、uniq 和 md5sum。每个程序中都包含多个人为设置的漏洞，且每个漏洞拥有唯一的 ID。本实验选取三个先进的模糊测试工具 VUzzer、InsFuzz 和 T-Fuzz 在 LAVA-M 数据集上衡量 AFLPro 的漏洞挖掘能力。

与其他模糊测试工具一样，AFLPro 以 5h 为限制时间，对每个 LAVA-M 程序进行测试，并且在此实验中不使用并行模糊测试，即不使用"-M"和"-S"选项。具体实验结果如表 1-10 所示，从 base64、uniq 和 md5sum 的漏洞挖掘数目来看，AFLPro 的结果优于其他多数工具。从对 who 的漏洞挖掘的实验结果可知，除 InsFuzz 外，AFLPro 比其他工具找到更多的"异常"。

表 1-10　漏洞挖掘数目

方法	uniq	base64	md5sum	who
LAVA	28	44	57	2136
Fuzzer	7	7	2	0
SES	0	9	2	0
AFL-lafintel	24	28	0	2
Steelix	7	43	28	194
AFL-QEMU	0	0	0	0
AFL-Dyinst	0	0	0	0
VUzzer	27	17	0	50
T-Fuzz	23（26）	40（43）	34（49）	55（63）
InsFuzz	11	48	38	802
AFLPro	29	52	43	260

接下来对 AFLPro 和其他三个工具的漏洞挖掘的结果进行详细分析。

AFLPro 相较于 VUzzer 的优势主要体现在三个方面：AFLPro 不仅在静态分析阶段收集 cmp 指令中的单字节信息，还收集目标程序中的多字节比较信息；AFLPro 提出了 BB-Aggregation 对基本块权重计算的思想，更好地指导了模糊测试的方向；AFLPro 不仅考虑局部基本块权重在进行元组种子选择时进行模糊测试，还考虑从全局角度看种子的权重。

AFLPro 在 LAVA-M 数据集上 4 个二进制程序的漏洞挖掘效果优于 T-Fuzz。在表 1-10 的 T-Fuzz 行中，括号内外的"异常"数量分别是自动分析和手动分析的结果。另外，T-Fuzz 的整体设计理念与 Driller 类似，因此 T-Fuzz 实际上与 Driller 存在共同的问题，即整个模糊测试过程是由全局模糊测试主导的，两个工具都需要提升局部模糊测试的能力。T-Fuzz 的另一个问题是它的可扩展性不高。当目标程序更大或更复杂时，它面临因程序转换而导致的"转换爆炸"问题。

与 InsFuzz 相比，AFLPro 在 uniq、base64 和 md5sum 的测试结果优于 InsFuzz。特别是在 uniq 的测试中，InsFuzz 的测试效果明显落后于 AFLPro。经过分析，可能的原因是 InsFuzz 收集的知识信息不准确。AFLPro 的另一个明显优势是实现简单，除了静态分析和 AFL 之外，AFLPro 的实现不再依赖于其他工具，而 InsFuzz 的实现相对较复杂。InsFuzz 使用了两种插桩工具，一种是集成在 AFL 中的

QEMU[42]，用于检测 j *指令和 call 指令；另一种插桩工具是 Dyninst tool，它用于收集 cmp 类的比较信息。

对于目标程序 who，AFLPro 表现得比 InsFuzz 差的原因主要是时间限制问题。目标程序 who 集成了数千个安全性检查。在长达 5h 的测试中，AFLPro 仍对初始种子队列中的唯一种子做变异操作，对初始种子第一轮种子变异还未结束。因此，尝试对 who 进行并行化实验，AFLPro 检测到"异常"的数量在 5h 内有很大程度的增长。

总之，在"异常"检测方面，AFLPro 在 LAVA-M 数据集上的整体性能优于现有的最先进的模糊测试工具。特别地，对于 md5sum、base64 和 uniq，AFLPro 在前 1h 内检测到的"异常"数分别达到在 5h 内检测到的数量的 86%、96% 和 100%。这是经过多次实验后得到的结果，可以证明 AFLPro 在漏洞检测中的快速、稳定的优势。

4. 真实程序的实验评估

本实验选取 4 个真实程序：gif2png、pdf2svg、tcpdump 和 tcptrace，对比 AFLPro 与 AFL、VUzzer 的漏洞挖掘能力（发现的"异常"数量）。在对 VUzzer 的实验中发现，它不仅要对目标二进制程序进行静态分析，还需要对目标程序所依赖的动态链接库进行静态分析。此外，还需要在动态测试期间指定动态链接库的入口地址。虽然 VUzzer 检测到很多"异常"，但大多数"异常"都不在目标二进制文件中。此外，就可扩展性而言，当模糊测试更多地依赖于其他信息而不是目标程序本身时，其可扩展性将受到极大限制。不选择在 VUzzer 实验中使用 mpg321 和 djpeg 的原因有两个，一是需要根据 VUzzer 的环境配置 Ubuntu 14.04 虚拟机环境，并将 AFL 和 AFLPro 移植到虚拟机环境中进行评估实验。但由于某种原因，mpg321 无法在此虚拟机中正常运行。二是 VUzzer 的论文提到 VUzzer 和 AFL 都没有检测到 djpeg 的漏洞。当摆脱动态链接库并且只关注 djpeg 本身的"异常"时，不仅使检测难度增大，而且这个二进制程序在评估实验中的意义也大大降低。

本实验的目标是尽可能地检测目标二进制文件本身的漏洞，而不关注目标二进制文件所依赖的动态链接库中的漏洞。因此，在动态模糊测试过程中，仅对目标二进制文件进行静态分析。并且，为 VUzzer、AFL 和 AFLPro 提供相同的输入，并连续运行这三个模糊测试工具 24h，不使用"-M"或"-S"选项来执行并行模糊测试。

表 1-11 显示的是 VUzzer、AFL 和 AFLPro 发现的"异常"数量对比。表中的第二列是三个模糊测试工具在模糊测试过程中使用的参数，其中@@表示被测程序的输入。从实验结果来看，AFLPro 的性能优于 VUzzer 和 AFL，表明其漏洞检

测能力更高。此外，与依赖于动态链接库信息的 VUzzer 文件中检测到的漏洞数量相比，VUzzer 在实验中检测到的漏洞数量显著减少。

表 1-11　真实程序漏洞挖掘数目

程序名	参数	软件版本	漏洞/异常数量		
			VUzzer	AFL	AFLPro
gif2png	无	2.5.8	8	75	86
pdf2svg	@@ output_page%d.svg all	0.2.2 -1	0	2	4
tcpdump	-r @@ -nnvvvSeXX	4.9.2	0	0	0
tcptrace	-n @@	6.6.7	1	78	111

5. 插桩性能实验分析

通过实验发现，当 AFL 使用 QEMU 收集插桩信息时，它会在二进制程序的每次动态执行期间产生大量无意义的插桩开销。具体原因有两个，一是如果目标程序是静态编译的二进制文件，则每次 AFL 重新执行目标程序时，程序执行的入口地址都从_start 函数开始。而_start 函数的地址和实际主函数的入口地址之间的插桩指令是没有意义的，因为在 AFL 动态测试过程中使用的有效插桩信息从主函数的入口地址开始。二是如果目标程序是使用动态链接得到的二进制文件，AFL 会在第一次执行二进制文件时链接动态库。然后，除了_start 函数和 main 函数之间的插桩开销之外，动态编译二进制文件的无用插桩开销还包括在动态链接过程中对大量插桩指令的加载。

本实验使用一些 670～700KB 大小的静态编译二进制文件和一些 50～60KB 大小的动态编译二进制文件作为测试程序，在原生 AFL 的插桩逻辑上进行了优化性能分析。测试结果如表 1-12 所示，AFL 的插桩中存在大量可优化的空间。

表 1-12　插桩性能开销

程序编译方式	无用插桩	备注
静态编译	46%	单次执行
动态编译	92%	首次执行
	12%	非首次执行

(1)对于静态编译的二进制程序，大约 46%的插桩没有实际意义。

(2)对于动态编译的二进制程序，程序第一次执行时，大约 92%的插桩是无意义的，其中大约 91%是对加载的动态库进行插桩，大约 1%的插桩开销发生在_start 函数和 main 函数之间；对于后续的程序执行，不再产生动态链接的插桩成本，但是从_start 函数到 main 函数的插桩开销占总开销的 12%左右。

从实验统计数据可以看出，二进制程序的单次执行会带来很多无意义的插桩开销，这将导致计算机资源的显著浪费。因此，本实验认为优化 AFL 中的插桩是必要且有意义的。具体来说，在二进制程序中定位主函数的入口地址，并且在 AFL 每次执行二进制程序时，只插桩入口地址之后的部分。这样可以降低 AFL 模糊测试中的插桩开销，显著提高模糊测试的速度。

1.6　本 章 小 结

本章首先阐述了模糊测试漏洞挖掘中的基本问题和概念，然后介绍当前流行的软件漏洞自动挖掘技术，最后针对当前流行的模糊测试技术在测试过程中存在的盲目性问题，介绍了三个最新的模糊测试框架，并解释其工作流程。针对堆类型内存损坏漏洞难以发现的问题，提出基于多层导向模糊测试的堆漏洞挖掘技术 MDFuzz。首先通过二进制提升工具将二进制代码提升到 LLVM IR 并执行指针分析来自动化获取目标点。然后采用一个保存种子的多层优先级队列来实现种子的选择，提高导向模糊测试的引导性，使其能对程序中特定目标点周围的代码区域进行更有效的测试。实验结果表明，MDFuzz 在漏洞检测方面优于目前最先进的模糊测试工具 AFL、AFLFast 和 VUzzer。此外，MDFuzz 在实际程序中发现了 4 个以前未报告的漏洞，其中一个已获得 CVE 编号。针对模糊测试中代码覆盖率难以提高的问题，提出基于混合执行的自动化漏洞挖掘技术。通过优化符号执行中非线性约束求解速度和增加动静结合的符号执行引导算法，大大提高了模糊测试中的代码覆盖率，最后通过实验证明了系统的有效性。针对模糊测试中盲目变异的局限性，提出了基于方向感知的模糊测试方法 AFLPro。该方法通过 BB-Aggregation 思想，为种子选择提供局部和全局导向；通过基于 GBMutation 的种子能量调度为种子变异提供正确的指导；通过收集单字节和多字节信息，为种子变异提供有效的语义信息。最后通过与其他模糊测试工具的对比实验，证明 AFLPro 在挖掘目标程序中的漏洞时有更高的成功率和更快的速度。

参 考 文 献

[1] Asokan A. Microsoft Exchange flaw: Attacks surge after code published[EB/OL]. [2021-03-20]. https://www.bankinfosecurity.com/ms-exchange-flaw-causes-spike-intrdownloader-gen-trojans-a-16236.

[2] DARPA. DARPA cyber grand challenge final event archive[EB/OL]. [2019-09-01]. http://www.lungetech.com/cgc-corpus.

[3] 中共中央办公厅, 国务院办公厅. 中国信息化趋势报告(四十七)　 2006—2020 年国家信息化发展战略[J]. 中国信息界, 2006(9):8-17.

[4] Zhao L, Duan Y, Yin H, et al. Send hardest problems my way: Probabilistic path prioritization for hybrid fuzzing[C]//NDSS, 2019, 19: 1955-1973.

[5] He J, Balunović M, Ambroladze N, et al. Learning to fuzz from symbolic execution with application to smart contracts[C]//Proceedings of the 2019 ACM SIGSAC Conference on Computer and Communications Security, New York, 2019: 531-548.

[6] Wang T, Wei T, Gu G, et al. TaintScope: A checksum-aware directed fuzzing tool for automatic software vulnerability detection[C]//2010 IEEE Symposium on Security and Privacy, Oakland, 2010: 497-512.

[7] Godefroid P, Klarlund N, Sen K. DART: Directed automated random testing[C]//Proceedings of the 2005 ACM SIGPLAN Conference on Programming Language Design and Implementation, Chicago, 2005, 40: 213-223.

[8] Huang H, Yao P, Wu R, et al. Pangolin: Incremental hybrid fuzzing with polyhedral path abstraction[C]//2020 IEEE Symposium on Security and Privacy (SP), San Francisco, 2020: 1613-1627.

[9] Böhme M, Pham V T, Roychoudhury A. Coverage-based greybox fuzzing as Markov chain[J]. IEEE Transactions on Software Engineering, 2017, 45(5): 489-506.

[10] Böhme M, Pham V T, Nguyen M D, et al. Directed greybox fuzzing[C]//Proceedings of the 2017 ACM SIGSAC Conference on Computer and Communications Security, Dallas, 2017: 2329-2344.

[11] Chen P, Chen H. Angora: Efficient fuzzing by principled search[C]//2018 IEEE Symposium on Security and Privacy (SP), San Francisco, 2018: 711-725.

[12] Gan S, Zhang C, Qin X, et al. CollAFL: Path sensitive fuzzing[C]//2018 IEEE Symposium on Security and Privacy (SP), San Francisco, 2018: 679-696.

[13] Aschermann C, Schumilo S, Blazytko T, et al. REDQUEEN: Fuzzing with input-to-state correspondence[C]//NDSS, 2019, 19: 1-15.

[14] Shoshitaishvili Y, Weissbacher M, Dresel L, et al. Rise of the HaCRS: Augmenting autonomous cyber reasoning systems with human assistance[C]//Proceedings of the 2017 ACM SIGSAC Conference on Computer and Communications Security, Dallas, 2017: 347-362.

[15] Bastani O, Sharma R, Aiken A, et al. Synthesizing program input grammars[J]. ACM SIGPLAN Notices, 2017, 52(6): 95-110.

[16] Voyiatzis A G, Katsigiannis K, Koubias S. A Modbus/TCP fuzzer for testing internetworked industrial systems[C]//2015 IEEE 20th Conference on Emerging Technologies & Factory

Automation（ETFA）, Luxembourg, 2015: 1-6.

[17] Kim H, Ozmen M O, Bianchi A, et al. PGFUZZ: Policy-Guided fuzzing for robotic vehicles[C]// NDSS, Virtually, 2021:1-18.

[18] 张斌. 软件漏洞自动挖掘和验证关键技术研究[EB/OL]. [2019-04-01]. https://wap.cnki.net/ touch/web/Dissertation/Article/91002-1020386187.nh.html.

[19] Zalewski M. American Fuzzy Lop（AFL）[EB/OL]. [2017-05-13]. http://lcamtuf.coredump. cx/afl/technical_details.txt.

[20] Shin Y, Williams L. Can traditional fault prediction models be used for vulnerability prediction?[J]. Empirical Software Engineering, 2013, 18(1): 25-59.

[21] King J C. Symbolic execution and program testing[J]. Communications of the ACM, 1976, 19(7): 385-394.

[22] Shoshitaishvili Y, Wang R, Salls C, et al. SoK:（state of）the art of war: Offensive techniques in binary analysis[C]//2016 IEEE Symposium on Security and Privacy（SP）, San Jose, 2016: 138-157.

[23] Cadar C, Dunbar D, Engler D R. Klee: Unassisted and automatic generation of high-coverage tests for complex systems programs[C]//OSDI, 2008, 8: 209-224.

[24] Moura L, Bjørner N. Z3: An efficient SMT solver[C]//International Conference on Tools and Algorithms for the Construction and Analysis of Systems, Heidelberg, 2008: 337-340.

[25] Ganesh V, Dill D L. A decision procedure for bit-vectors and arrays[C]//International Conference on Computer Aided Verification, Heidelberg, 2007: 519-531.

[26] Chipounov V, Kuznetsov V, Candea G. S2E: A platform for in-vivo multi-path analysis of software systems[J]. ACM Sigplan Notices, 2011, 46(3): 265-278.

[27] Sen K, Marinov D, Agha G. CUTE: A concolic unit testing engine for C[J]. ACM SIGSOFT Software Engineering Notes, 2005, 30(5): 263-272.

[28] Cha S K, Woo M, Brumley D. Program-adaptive mutational fuzzing[C]//2015 IEEE Symposium on Security and Privacy, San Jose, 2015: 725-741.

[29] Godefroid P, Levin M Y, Molnar D. SAGE: Whitebox fuzzing for security testing[J]. Communications of the ACM, 2012, 55(3): 40-44.

[30] Andersen L O. Program analysis and specialization for the C programming language[EB/OL]. [1994-05-30]. https://www.cs.cornell.edu/courses/cs711/2005fa/papers/andersen-thesis94.pdf.

[31] Nguyen M D, Bardin S, Bonichon R, et al. Binary-level directed fuzzing for use-after-free vulnerabilities[C]//23rd International Symposium on Research in Attacks, Intrusions and Defenses（RAID 2020）, San Sebastian, 2020: 47-62.

[32] Dinaburg A, Ruef A. McSema: Static translation of x86 instructions to LLVM[EB/OL].

[2014-08-04]. https://recon.cx/2014/slides/McSema.pdf.

[33] Yadavalli S B, Smith A. Raising binaries to LLVM IR with MCTOLL（WIP paper）[C]// Proceedings of the 20th ACM SIGPLAN/SIGBED International Conference on Languages, Compilers, and Tools for Embedded Systems, Phoenix, 2019: 213-218.

[34] Křoustek J, Matula P, Zemek P. RetDec: An open-source machine-code decompiler[EB/OL]. [2017-10-29]. https://www.botconf.eu/2017/retdec-an-open-source-machine-code-decompiler.

[35] Liu Z, Yuan Y, Wang S, et al. SoK: Demystifying binary lifters through the lens of downstream applications[C]//2022 IEEE Symposium on Security and Privacy（SP）, Los Alamitos, 2022: 453-472.

[36] Lee B, Song C, Jang Y, et al. Preventing use-after-free with dangling pointers nullification [EB/OL]. [2015-02-08]. https://wenke.gtisc.gatech.edu/papers/dangnull.pdf.

[37] K8S. Kubernetes[EB/OL]. [2017-07-11]. https://www.kubernetes.org.cn/k8s.

[38] PostgreSQL: The world's most advanced open source relational database[EB/OL]. [2022-08-11]. https://www.postgresql.org.

[39] Rawat S, Jain V, Kumar A, et al. VUzzer: Application-aware evolutionary fuzzing[C]//NDSS, 2017, 17: 1-14.

[40] Klees G, Ruef A, Cooper B, et al. Evaluating fuzz testing[C]//Proceedings of the 2018 ACM SIGSAC Conference on Computer and Communications Security, Toronto, 2018: 2123-2138.

[41] Stephens N, Grosen J, Salls C, et al. Driller: Augmenting fuzzing through selective symbolic execution[C]//NDSS, 2016, 16: 1-16.

[42] Bellard F. QEMU, a fast and portable dynamic translator[C]//USENIX Annual Technical Conference, FREENIX Track, Anaheim, 2005, 41: 46.

第 2 章　软件漏洞自动化利用

由于现实环境中的软件漏洞数量庞大，安全研究人员需要快速判断漏洞的可利用性，实现对软件漏洞的精确及时修补，因此研究人员开始研究如何对漏洞实现自动化利用。目前漏洞自动化利用面临的主要挑战有两点，一是难以分析程序漏洞并提取有用信息；二是漏洞过于复杂而无法成功利用。如表 2-1 所示，本书沿用学术界认同度较高的分类[1]，根据漏洞触发时是否能控制程序计数器（program counter，PC），将漏洞自动化利用分为单步可劫持控制流漏洞自动化利用和多步可劫持控制流漏洞自动化利用。单步可劫持控制流漏洞自动化利用主要研究如何注入 shellcode 以及生成利用代码。多步可劫持控制流漏洞自动化利用主要研究如何编排内存，达到可利用的内存布局，用于解决对漏洞的自动化利用问题。本章除在 2.2 节、2.3 节介绍漏洞自动化利用的方法外，还在 2.4 节对人机协同的漏洞利用技术进行阐述，旨在为读者介绍一种可能的人机交互漏洞利用的实现方式。

表 2-1　软件漏洞利用技术分类及代表性技术概览

类型	漏洞类型	文献	技术特点
单步可劫持控制流	栈溢出漏洞、格式化字符串漏洞	[2]	基于补丁的自动漏洞利用生成（automatic patch-based exploit generation，APEG），结合污点分析技术分析补丁的反向逻辑来验证栈溢出等漏洞
		[3]	自动漏洞利用生成（automatic exploit generation，AEG）使用插桩和污点分析技术建立程序计数器与输入间的关系，利用求解器生成利用代码
		[4]	卡内基·梅隆大学的自动漏洞利用生成（Carnegie Mellon University automatic exploit generation，CMU AEG）在程序状态空间中搜索可利用的状态，自动化生成利用代码
		[5]	可利用模块的多重分析（multiple analysis of yielding exploit modules，MAYHEM）针对二进制的自动化漏洞利用
		[6]	崩溃探测器（crash explorer，CRAX）面向真实软件的二进制漏洞利用
多步可劫持控制流	堆漏洞	[7]	基于 Angr 将崩溃路径和满足漏洞利用条件的路径进行粘连
		[8]	为内核空间中的用后即释放漏洞生成漏洞利用代码提供便利（facilitating exploit generation for use-after-free vulnerabilities in kernel space，FUZE），实现了对 Linux 内核的 UAF 自动化利用
		[9]	基于漏洞利用原语的浏览器漏洞自动利用 PrimGen

续表

类型	漏洞类型	文献	技术特点
多步可劫持控制流	堆漏洞	[10]	自动堆布局操作(automatic heap layout manipulation，HLM)，实现了面向程序语言引擎的堆内存自动化布局
		[11]	针对堆内存分配器的可利用性自动分析工具 HeapHopper
		[12]	基于 HeapHopper 的改进系统 ArcHeap，降低误报率

2.1　软件漏洞利用相关技术介绍

2.1.1　崩溃分析

许多安全研究人员倾向于通过分析程序崩溃问题以找到其根本原因(root cause)。Cui 等提出的部署软件故障的逆向调试(reverse debugging of failures in deployed software，REPT[13])和 Xu 等提出的具有硬件增强的崩溃程序分析(postmortem program analysis with hardware-enhanced post-crash artifacts，POMP[14])方法，通过分析程序的控制流和数据流来重建执行记录，从程序的崩溃转储文件(Coredump)进行反向执行来分析程序崩溃的原因。Mu 等在 POMP 的基础上提出了 POMP++，它执行了一个自定义版本的值集分析(value-set analysis)算法[15]来获取每个内存访问的地址集，提高了 POMP 的效率。Blazytko 等提出了基于统计的崩溃分析，自动化识别根本原因的解释(statistical crash analysis for automated root cause explanation，AURORA)[16]来确定崩溃的根本原因，并为分析人员提供有关错误行为的上下文信息，其关键思想是崩溃输入在语义上肯定会在某些时候偏离非崩溃输入，因此它使用一些谓词来描述执行跟踪并预测执行是否会崩溃。

2.1.2　漏洞自动化利用

2014 年，Avgerinos 等提出漏洞自动化利用生成系统框架 AEG[4]。它是第一个集成完整的漏洞自动化发现和利用生成过程的系统。它将源代码转换为 LLVM 字节码以进行动态二进制检测，在程序执行期间收集约束信息，然后使用约束求解器生成漏洞利用程序。AEG 框架启发了许多其他研究人员。Huang 等提出的 CRAX[6]和 Wang 等提出的 PolyAEG[17]可以自动分析软件漏洞并能够绕过一些安全防御机制实现漏洞利用。CRAX 基于符号分析平台 S2E 收集运行时信息，而 PolyAEG 基于动态插桩进行污点分析，借助从运行时信息中提取的约束，可以在复杂情况下实现漏洞利用的自动化生成，并且可以绕过程序的一些缓解措施。

Mechanical Phish[18]是由在 DARPA CGC 中获得第三名的"贝蟹战队"Shellphish 创建的系统，于 2016 年开源。其中包括 Driller 和 Rex 在内的重要组件都是由该团队开发的，用于漏洞发现和利用生成。该系统首先通过 Driller 发现崩溃输入，然后 Rex 基于 Angr 符号执行来分析该崩溃输入，并进行漏洞利用。

2.2　通过指数搜索的自动化漏洞生成

2.2.1　AEG-E 系统架构

本节简单介绍通过指数搜索的自动化漏洞生成(automatic exploit generation with exponential search，AEG-E)的系统架构，它主要基于符号执行实现。图 2-1 展示了 AEG-E 的工作流程，它以崩溃输入和目标程序的二进制文件为输入，对目标程序内的漏洞进行漏洞利用，输出为可以成功利用程序漏洞的文件。AEG-E 的优势在于开放接口和可定制化，用户可以编写配置文件来描述不同的漏洞利用模板，从而实现不同类型的漏洞利用。

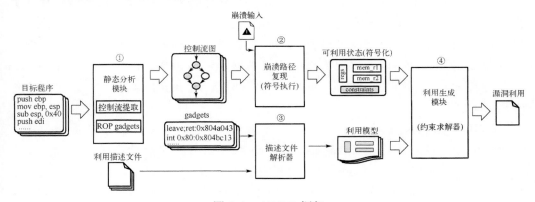

图 2-1　AEG-E 框架

AEG-E 分为以下四个部分。

(1)静态分析模块：AEG-E 从目标二进制文件中提取 CFG、ROP(return-oriented programming) gadgets 和其他信息(如架构、缓解措施)。CFG 用于崩溃路径复现阶段，ROP gadgets 和其他信息将用于漏洞利用生成阶段。

(2)崩溃路径复现：AEG-E 在具体执行环境下为目标程序提供崩溃输入以提取基本块执行序列，然后利用符号执行重现该执行序列以供进一步分析。当发现一个可利用的执行状态时，将在漏洞利用生成部分生成漏洞利用。

(3)描述文件解析器：漏洞利用描述文件是用户编写的配置文件，用于描述漏洞利用模型。通过自定义的漏洞利用描述文件，AEG-E 可以针对特定需求生成各种漏洞利用，包括绕过某些防御、在劫持控制流后执行特定操作。

（4）利用生成模块：通过可用的漏洞利用描述符，AEG-E 监控崩溃执行过程，自动检查当前执行状态是否满足定义的漏洞利用模型条件，并最终生成漏洞利用。

2.2.2　静态分析

在此阶段，目标二进制代码转换为由基本块组成的 CFG，并从二进制中提取可用的 ROP gadgets 以生成 ROP 漏洞利用链。

1）CFG 分析

CFG 使用图形符号表示在程序执行期间可能遍历的所有路径。在崩溃路径复现阶段，通过将程序的崩溃执行路径与 CFG 进行对比，可以提取出隐藏在轨迹中的所有可能分支，然后在符号执行中避免这些分支的执行，以减少路径爆炸的影响。

AEG-E 使用静态分析工具 IDA Pro 来提取目标二进制文件的 CFG。IDA Pro 是一款常用的反汇编软件，它可以将机器码反汇编成汇编代码，自动进行代码分析，并提供代码和数据部分之间的交叉引用。与传统反汇编软件不同，IDA Pro 提供较强的交互功能以增强其分析能力。它提供了多种接口来从指定地址提取函数名和数据等信息，以便用户编写脚本来扩展反汇编操作。IDA Pro 支持 Python 等多种常见的脚本语言。因此，AEG-E 使用 IDA Python 脚本从目标二进制文件中提取 CFG。

2）ROP gadgets 分析

ROP 用于绕过安全机制 No-eXecute（NX），该保护机制使程序中的数据段不可执行，从而使注入 shellcode 的漏洞利用手段失效。但是，ROP 可以通过重用内存中以"ret"指令结束的指令序列 gadgets 来绕过这种防御方案。因此，AEG-E 使用 ROP gadgets 来搜索各种类型的 gadgets 并生成 ROP chain 来实现"getshell"操作。ROP gadgets 是一个在夺旗赛（capture the flag，CTF）中广泛使用的工具，AEG-E 利用 ROP gadgets 可以找到不同类型的 gadgets。例如，"jmp esp"和"leave;ret"，并将它们组合起来用于漏洞利用生成。

2.2.3　崩溃路径复现

在此阶段，AEG-E 首先向目标二进制文件提供崩溃输入，在具体执行模式下触发程序崩溃。崩溃的执行路径将被记录为崩溃路径（crash trace），它本质上是一系列按顺序执行的基本块。然后，用符号变量替换具体的崩溃输入，在符号执行中复现该崩溃路径，从而找出崩溃输入与程序崩溃之间的关系。

1）路径记录

QEMU[19]是一个开源模拟器，可以模拟硬件处理器，并为机器提供一组不同的硬件和设备模型。S2E[20]基于 QEMU 实现了具体执行模式，并且集成了一些记录路径的插件。所以 AEG-E 可以通过添加现有的插件来简单地记录执行过的基本块。

得到崩溃路径后，AEG-E 会找到每个以条件跳转指令结尾的基本块，这些块的地址将被记录并用于防止符号执行进行无意义的分支探索。图 2-2 是崩溃路径和 CFG 的一个例子，基本块 1（BB:1）和基本块 4（BB:4）以条件跳转指令结束，它们都有多个后继块。因此，标记基本块 BB:1 和 BB:4。当程序状态在符号执行期间探索 BB:1 时，偏离崩溃路径的分支（到 BB:3 的路径）将被终止。这样，符号引擎的计算资源就可以集中在崩溃路径上，尽快到达崩溃点，有效缓解路径爆炸。

2）路径复现

下面介绍利用 S2E 实现崩溃路径的复现，具体流程如算法 2-1 所示。S2E 提供了监控基本块开始执行和执行结束的接口，可以及时知道当前执行状态的路径是否与崩溃路径一致。AEG-E 使用一个新的变量 level 来指示当前状态在崩溃路径中到达的位置。相应地，当符号执行过程中的状态偏离了原有路径时，另一个新变量 deflect 将自动递增。同时，deflect 状态可能最终会回到崩溃路径，这是因为崩溃点周围的代码区域也是值得探索的，所以允许一些状态偏离给定的轨迹。一旦 deflect 大于阈值，状态将被终止。

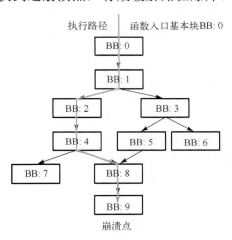

图 2-2　崩溃路径和 CFG 示例

算法 2-1　崩溃路径复现

输入：当前程序状态 current_state，崩溃路径 trace

1.	**if** 当前程序状态的偏离值 current_state.deflect 大于阈值 MAX_DEFLECT **then**	
2.	current_state.terminate()	//终止当前程序状态
3.	**end if**	
4.	next_pc ← current_state.next_pc	//获取当前程序状态的下一个基本块地址
5.	epect_pc ← trace[current_state.level]	//获取崩溃路径中下一个基本块地址
6.	**if** next_pc = expect_pc **then**	
7.	current_state.level += 1	//当前程序状态的 level 值加 1

```
8.   else
9.       if   next_pc ∈ trace   then
10.          current_state.deflect ← 0              //当前程序状态的偏离值置 0
11.          current_state.level ← trace.get_index(next_pc)   //根据崩溃路径设置当前程
                                                              //序状态的 level 值
12.      else
13.          current_state.level += 1              //当前程序状态的 level 值加 1
14.      end if
15.  end if
```

AEG-E 修改了 S2E 中的状态选择算法。众所周知，符号执行在同一个程序中利用很多状态探索不同路径，并且它有自己的算法来选择一个状态来执行。为了使一个状态能够尽快地追踪到崩溃点，AEG-E 将原有的状态选择算法修改为选择一个具有最大 level 的状态。通过这些措施，可以在一定程度上避免路径爆炸的问题。

2.2.4　利用描述文件解析

本节解释漏洞利用描述符和漏洞利用模型的定义，以及如何将用户编写的配置文件转换为漏洞利用模型。漏洞利用模型描述了从符号引擎中的执行状态生成漏洞利用需要满足哪些约束。漏洞利用描述文件是用户编写的配置文件，用于描述漏洞利用模型。通过这些漏洞利用描述文件，用户可以指定内存和寄存器中的内容来设置漏洞利用所需的环境。例如，图 2-3 中显示了一个简单的 jmp esp 攻击描述文件。该描述文件表明 AEG-E 需要找到一个执行状态，它的扩展指令指针（extended instruction pointer，EIP）指向 jmp esp 指令且能将 shellcode 注入堆栈。jmp esp 是攻击者利用缓冲区溢出漏洞的一种常见的攻击手段，有了描述文件就可以清楚地描述这种漏洞利用模型。

```
1    :TYPE=SYMBOLIC_PC
2    :ARCH=x86
3    EIP  ==  $gadgets[""JMP_ESP]
4    Byte-ptr[ESP]    ==  0x6a
5    Byte-ptr[ESP+1]  ==  0x68
6    Byte-ptr[ESP+2]  ==  0x68
7    Byte-ptr[ESP+3]  ==  0x2f
8    ……
9    Byte-ptr[ESP+44] ==  0xcd
10   Byte-ptr[ESP+44] ==  0x80
```

图 2-3　jmp esp 攻击描述文件

　　算法 2-2 展示了如何解析这些攻击描述文件。具体来说，算法会按行解析描述符中的内容，区分每一行的内容是环境设置还是添加约束。在此仅关注解析约束行的过程，约束行可以通过双等号分为左值(left_stmt)和右值(right_stmt)。左值表示内存中的一个寄存器或一个区域，右值表示左边的语句描述的位置应该是什么值。算法 2-2 的 9～14 行负责解析右值。可以看到右值可以是一个常数，也可以是一个变量，可以利用静态分析结果中的真实值替换该变量。但有一种特殊情况，符号缓冲区是一个符号区域的地址，应该在漏洞利用模型生效之前从内存中搜索获得。算法 2-2 的 15～16 行负责解析左值。左值可以是一个寄存器的某字节，可以选择 8 个通用寄存器以及程序计数器。此外，左值也可以是内存单元，可以通过偏移寻址的方式来指定。基地址可以是常量、寄存器以及静态分析的结果。如果基地址不是常数，则在应用之前会被替换为常数。在解析同一行中的左、右值后，得到一个"前置条件"cond。每条添加约束行都会转化为一个"前置条件"保存在数组 preconditions 中，每条环境设置行都会转化并保存在 settings 中，它们共同组成一个利用模型。

算法 2-2　漏洞利用描述文件解析

输入：漏洞利用描述文件 descriptor

输出：漏洞利用模型 exp_model

1.　　settings ← ∅	//漏洞利用的配置项初始化为空
2.　　pre_conditions ← ∅	//漏洞利用的前置条件初始化为空
3.　　**for** each　line in descriptor　**do**	
4.　　　　**if** line is a setting line　**then**	
5.　　　　　　settings.push(parse_settings(lins))	//递归解析该 setting line，将结果添加到集合
	// settings
6.　　　　**else if**　line is a constraint line　**then**	
7.　　　　　　cond ← ∅	//将条件初始化为空
8.　　　　　　以 = 作为分隔符，将 constraint line 分割为 left_stmt 和 right_stmt	
9.　　　　　　**if**　right_stmt 是立即操作数 **then**	
10.　　　　　　　提取 right_stmt 中的立即数，赋值给 cond.value	
11.　　　　　　**else**	
12.　　　　　　　设置 cond.right_review 为 true	
13.　　　　　　　将 right_stmt 赋值给 cond.right_var_name	
14.　　　　　　**end if**	
15.　　　　　　**if** left_stmt 是寄存器　**then**	
16.　　　　　　　提取 left_stmt 中的寄存器名字，赋值给 cond.reg	

17.	**else if**　left_stmt 指向内存区域　**then**
18.	**if**　left_stmt 的基地址是常数　**then**
19.	将常数基地址赋值给 cond.base_reg
20.	**else if**　left_stmt 的基地址由寄存器提供　**then**
21.	设置 cond.right_review 为 true
22.	将保存地址的寄存器保存到 cond.base_reg
23.	**else**
24.	设置 cond.right_review 为 true
25.	将 left_stmt 赋值给 cond.right_var_name
26.	**end if**
27.	**end if**
28.	将 cond 添加到集合 pre_conditions 中
29.	**end if**
30.	**end for**
31.	exp_model.settings = settings　　　　　　//保存 settings 至 exp_model 中
32.	exp_model.pre_conditions = pre_conditions　　//保存 pre_conditions 至 exp_model 中
33.	**return** exp_model

在可扩展漏洞利用模型的支持下，可以实现更复杂的利用模型，主要有以下两类。

(1)通过堆栈迁移增强 ROP 技术。常见的漏洞利用手段 ROP 存在一些缺陷，它需要攻击者控制更大的堆栈缓冲区来放置攻击载荷(payload)。通常情况下，使用 shellcode 技术生成攻击载荷只需要 40B 左右，但采用 ROP 技术往往需要 80B 以上。而在大多数情况下，攻击者只能控制返回地址之后的有限区域，往往不足以放置过长的攻击载荷。因此，AEG-E 提出使用堆栈迁移来解决这个问题。有一个常见的指令序列代码 "leave; ret"，它用于在函数末尾恢复原始堆栈帧。因为 "leave" 指令等价于 "mov esp, ebp; pop ebp"，攻击者可以借助该片段设置 esp 的值，将堆栈迁移到任何其他地方。迁移堆栈有两个先决条件：首先，扩展基址指针(extended base pointer，EBP)寄存器的值应该是一个可控区域的地址，这将是新的堆栈区域；其次，扩展指令指针(EIP)应该指向指令序列代码 "leave; ret" 的地址来执行堆栈的迁移。有了这两个前提，"leave;ret" 就能够将堆栈迁移到新的可控区域。基于前面描述的思路，AEG-E 提供了一个如图 2-4 所示的漏洞利用描述文件。

(2)利用描述文件链。有些情况下，单个描述文件不能完整地描述漏洞利用模型，可能需要执行状态满足某些条件。漏洞利用时的一个常见问题是需要在执行

getshell 前满足一些前置条件。例如，需要找到一个字符串/bin/sh 来作为函数 system 或系统调用 execve 的参数。如果程序中没有这样的字符串，一种解决方案是在跳转到 system 之前将控制流劫持到读函数(如 read、gets)。但如果只编写具有上述提到的约束的漏洞利用描述符，它将无法生成利用。这是因为 read 操作在漏洞利用生成之后执行，这意味着来自 read 操作的输入不能被添加约束。所以，单个描述符无法完整描述漏洞利用模型。AEG-E 提出如图 2-5 所示的利用文件描述链，这意味着执行者必须按序应用相应的漏洞利用模型。第一个描述符指定了一个劫持到 gets 的漏洞利用模型，用于在跳转到 system 之前将符号变量写入缓冲区 buf。在漏洞利用生成部分，AEG-E 将尝试找到满足第一个漏洞利用模型的执行状态。然后，选择的执行状态将在第一个描述文件的基础上继续探索以满足来自第二个描述文件的约束。同理，后续的描述文件 3 以相同的方式追加在描述文件 2 之后。

```
1      :TYPE=SYMBOLIC_PC
2      :ARCH=x86
3      :SYMB_BUF_TYPE == rw
4      EIP  ==  $gadgets["LEAVE_RET"]
5      EBP  ==  $symb_buf
6
7      Byte-ptr[$symb_buf+4]  ==  $ropchain[0]
8      Byte-ptr[$symb_buf+5]  ==  $ropchain[1]
9      Byte-ptr[$symb_buf+6]  ==  $ropchain[2]
10     ……
11     Byte-ptr[$symb_buf+84]  ==  $ropchain[80]
```

图 2-4　堆栈迁移增强 ROP 的描述文件

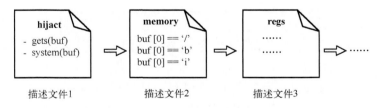

图 2-5　利用文件描述链

2.2.5　漏洞利用生成

基于漏洞利用模型最终生成漏洞利用需要考虑两个问题。

(1)何时生成漏洞利用。漏洞利用生成模块在崩溃再现期间监控 S2E 中的每个执行状态。但是，尝试为每个执行状态生成一个漏洞利用会带来太多开销，因此只关注两个特殊状态：一是符号数据内存被访问时，检查符号值的序列是否满足某些描述符；二是程序计数器被符号化时，很有可能劫持控制流来启动攻击。

（2）如何生成漏洞利用。从执行状态生成漏洞利用的流程如算法 2-3 所示。由于漏洞利用过程中可能会有若干种不同的漏洞利用模型，对于每种漏洞利用模型，先提取和解析前置条件，替换前置条件中的变量。然后，调用函数 solve_constraints 来求解来自前置条件的约束。如果求解成功，表示当前的漏洞利用模型可以用于该状态，进一步检查该漏洞利用模型是否有后继模型（即存在描述文件链）。如果没有，则可以生成最终的漏洞利用，或者将状态返回给 S2E 进行进一步探索。

算法 2-3　漏洞利用生成

输入：当前程序状态 state 和漏洞利用模型 exp_model
输出：漏洞利用脚本 exploit

1.	**for** each　model in exp_models　**do**
2.	constraints ← parse(model.pre_conditions)　　　　　//分析漏洞利用模型中的前置条件
3.	**if**　当前约束 constraints 可以成功求解 **then**
4.	**if**　model 有后继状态 **then**
5.	继续探索当前程序状态 state
6.	**return**　generate_exp(state, constraints)　　//生成漏洞利用脚本
7.	**end if**
8.	**else**
9.	**continue**
10.	**end if**
11.	**end for**

2.3　动静态分析相结合的漏洞自动化挖掘与利用

近年来，软件漏洞自动化挖掘和漏洞利用技术受到越来越多的关注。现有方法在漏洞挖掘和利用方面仍面临一些困难，使漏洞自动化挖掘和利用的有效性受限。为此，本节介绍一个漏洞自动化挖掘和利用框架 AutoDE，旨在提高漏洞挖掘和利用的有效性。在漏洞挖掘阶段，AutoDE 使用 Anti-Driller 来缓解"路径爆炸"问题。主要思想是以程序的控制流图为基础，结合符号执行来生成特定输入，利用基于变异的模糊测试工具对输入进行变异，提高漏洞触发的成功率。在漏洞利用阶段，AutoDE 根据不同漏洞的特征，利用多种攻击技术自动化生成漏洞利用程序。

2.3.1　情况概述

随着互联网的快速发展，软件和应用程序的数目日益庞大，且广泛存在于人们的日常生活中，保证软件的安全也变得更加重要。根据国家信息安全漏洞共享平台提供的统计数据，最近两年漏洞数量的平均值已超过 20000 个。为此，安全研究人员提出了许多漏洞挖掘和利用的方法来保障软件的安全性。例如，模糊测试[21]、污点分析[22]和动态符号执行 (concolic)[23]。然而，现有的技术仍面临以下挑战：由于物联网等新型互联网服务的发展[24]，漏洞数量呈指数级增长，且传统的手动分析技术一般难以扩展，导致漏洞挖掘和利用的时间开销太大。

为此，研究人员倾向于寻求自动化的漏洞挖掘和利用方法。例如，2013 年，DARPA 举办了 CGC，每支队伍使用各自的网络推理系统 (cyber reasoning system，CRS) 自动识别软件漏洞并进行利用。从 2018 年开始，国内也逐年举办 RHG。学术界也提出了 Driller[25]等许多漏洞自动化挖掘和利用的系统。然而，如何提高漏洞挖掘和利用的有效性仍具有一定挑战性。接下来，本节简单回顾一些关于漏洞挖掘和利用的相关方法，然后对本节提出的 AutoDE 的关键思想进行阐述。

现有的漏洞挖掘方法大致可以分为三类，包括静态分析、模糊测试 (fuzzing) 和动态符号执行。GUEB[26]使用静态分析的方式，在不执行软件的情况下发现软件的漏洞。但是，这种方法不能提供软件的运行时信息以及可以触发漏洞的特定输入。最常见的是模糊测试方法，如 AFL[27]、JANUS[28]和 SAGE[29]，它们简单而有效，仅需要目标程序的少量信息。但是，此类方法需要初始的"测试用例"作为输入来执行软件，在实际环境中难以获取软件所期望的输入格式。动态符号执行的方法，例如，混合执行 (execution synthesis，EXE)[30]和 KLEE[31]，它们基于符号执行技术来探索软件的状态空间，以生成新的输入。但是，"路径爆炸"问题限制了该方法的可扩展性。

本节提出的 AutoDE 在漏洞发现阶段通过分析程序的控制流图来缓解"路径爆炸"问题，并为模糊测试提供良好的输入测试用例以绕过程序中的安全性检查。

研究人员也提出一些自动化的漏洞利用技术，例如，AEG 和 Rex。然而，这些方法面临以下两个问题。首先，这些方法基于程序的源码来获取软件的运行时信息，而在实际环境中程序的源码可能无法获得。例如，AEG 首先需要预处理被测程序的源码，随后再将其编译成二进制。其次，这些方法难以应用到实际的软件程序中。例如，Rex 主要是为 CGC 而设计的。

本节提出的 AutoDE 在漏洞利用阶段，使用挖掘到的漏洞，利用多种不同的漏洞利用技术来生成漏洞利用 (exploit，EXP) 程序。例如，Injecting a ShellCode[32]、ROP[33]和 jmp esp[34]。

2.3.2　AutoDE 系统框架

本节将介绍 AutoDE 框架,它以用于 CGC 决赛的 Mechanical Phish 的架构为基础。接下来,首先概述 AutoDE 的整体执行流程,然后说明 Mechanical Phish 与 AutoDE 的区别。

Mechanical Phish 的架构如图 2-6 所示,Ambassador 主要与外部环境进行交互,收集被测软件并提交反馈。Farnsworth 提供数据存储服务,如二进制软件、漏洞证明和崩溃输入。Meister 负责调度不同的任务,并根据内存和 CPU 方面的优先级信息确定应该运行哪些任务。AFL 和 Driller 用于漏洞挖掘,而 POV fuzzer 和 Rex 用于漏洞利用。

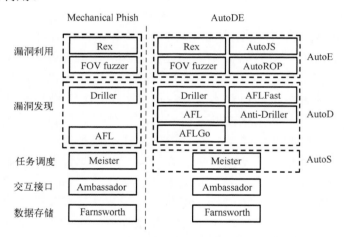

图 2-6　AutoDE 与 Mechanical Phish 框架对比

AutoDE 和 Mechanical Phish 的整体流程类似,都是收集测试软件、挖掘漏洞和利用漏洞。然而,由于 Mechanical Phish 是为 CGC 设计的,它在发现现实软件的漏洞方面存在不足。AutoDE 和 Mechanical Phish 之间的区别可以总结如下。

(1)数据存储的区别。由于 Mechanical Phish 实现的功能比 AutoDE 更多,如可以实时打补丁,所以存储数据需要更多空间。为了节约数据保存的空间成本,AutoDE 避免了不必要的数据存储,其数据库结构比 Mechanical Phish 更简洁。

(2)漏洞挖掘的区别。Mechanical Phish 利用 AFL 和 Driller 进行漏洞挖掘。AutoDE 新增了 AFL 的两种变体,即 AFLGo 和 AFLFast。此外,AutoDE 采用了一种新方法 Anti-Driller。它首先使用一个动态符号执行引擎探索指定路径来生成特定测试用例。然后,它利用基于变异的模糊测试来对被测程序进行充分的测试,进行漏洞挖掘。与 Mechanical Phish 相比,AutoDE 可以提高漏洞挖掘的效率。

（3）漏洞利用的区别。Mechanical Phish 提出了两个利用模块，分别是 POV fuzzer 和 Rex。给定一个崩溃的输入，POV fuzzer 在崩溃点跟踪输入的字节和寄存器之间的关系，而 Rex 通过对崩溃输入进行符号执行来跟踪所有寄存器和内存间的关系。但是，这两个模块在实践中效果不佳。为了提高漏洞利用的有效性，AutoDE 改进了 POV fuzzer，使其更具通用性。此外，AutoDE 新增了 AutoROP 和 AutoJS 模块来利用漏洞。

算法 2-4 总结了 AutoDE 的整个过程。给定二进制软件，Ambassador 将其标记为 p。之后，Meister 通过调度为 p 分配计算资源（第 2 行）。对于一个简单的软件，POV fuzzer 可以快速地进行漏洞利用测试。AutoDE 首先调用 POV fuzzer 并确定它是否可以成功利用漏洞并获取 shell（第 3~4 行）。如果不成功，进一步利用 AutoD 和 AutoE 分别挖掘漏洞和利用漏洞（第 5~14 行）。在 AutoD 阶段，使用了多种方法（Driller、AFL、AFLGo、AFLFast 和 Anti-Driller）来挖掘漏洞并生成崩溃输入（第 6 行）。然后，在 AutoE 阶段，使用多个方法（Rex、AutoJS 和 AutoROP）来迭代检查每个崩溃输入（第 7~13 行）。一旦获取漏洞利用的 shell，立即停止此过程，避免对其他崩溃输入的冗余检查（第 10~11 行）。由于并非每个崩溃输入都能成功利用，因此也可能不会生成漏洞利用的 shell，此时算法返回∅。

算法 2-4　AutoDE 工作流程

输入：远程存在漏洞的程序 software
输出：远程可交互的 shell

1.　交互接口为程序 software 创建任务 p，$p \leftarrow$ Ambassador(software)
2.　任意调度模块 Meister 为任务 p 分配计算资源
3.　利用 POV fuzzer 进行快速的漏洞利用测试，exploit $\leftarrow$ POVfuzzer(p)
4.　尝试获取 shell，shell $\leftarrow$ get_a_shell(exploit)
5.　**if** shell $==$ NULL **then**
6.　　　对程序 software 进行模糊测试，crashing inputs $\leftarrow$ AutoD(p)
7.　　**for** each crash in crashing inputs **do**
8.　　　　利用 AutoE 对崩溃输入 crash 进行漏洞利用，exploit $\leftarrow$ AutoE(crash)
9.　　　　尝试获取 shell，shell $\leftarrow$ get_a_shell(exploit)
10.　　　**if** shell $\neq$ NULL **then**
11.　　　　　**break**
12.　　　**end if**
13.　　**end for**
14.　**end if**
15.　**return** shell 或 ∅

2.3.3　漏洞自动化挖掘 AutoD

软件开发人员为了减少被模糊测试方法挖掘到漏洞的机会，常常将用户输入参数设置为难以随机构造的复杂词汇，这种"栅栏"极大影响着脆弱性挖掘的效率

```
1  int main() {
2    char *dest = "deadbeef";
3    char str[9] = {0};
4    read(0, str, 8);
5      int loc = 0;
6    if (strcmp (str, dest)! = 0) {
7      exit(0);
8    } else {
9      read(0, &loc, 1);
10     if(loc != 1)
11       exit(0);
12     else
13       bug();
14   }
15   return 0;
16 }
```

图 2-7　漏洞程序

和有效性。虽然已有的自动系统脆弱性挖掘方法表现良好，但它尚存在效率差、路径覆盖率低等问题。如图 2-7 所示，为了触发位于第 13 行的系统脆弱性，必须首先构造字符串"deadbeef"，以通过位于第 6 行的系统内部判断。然而，现有方法大多首先需要执行模糊测试操作，以生成特定用例作为测试输入，但此类方法难以在较短时间内生成"deadbeef"字符串，造成了挖掘效率低下的问题。

为了突破以上所述难题（判断条件满足问题），AutoDE 使用逆符号执行技术（Anti-Driller），以区别于 Driller。该技术首先利用符号执行引擎探索出执行路径，然后利用基于变异的模糊测试器在探索出的执行路径上搜索是否可能存在脆弱性。其中，为了缓解"路径爆炸"问题，Anti-Driller 利用静态分析构建被测程序的控制流图，分解搜索路径空间并降低单次搜索的空间复杂度。例如，图 2-8 所示是对图 2-7 的例程进行静态分析得到的控制流图。该控制流图包括 5 个基本块，对该图进行深度优先遍历可发现 3 条块路径，即<块 1，块 2，块 3>、<块 1，块 2，块 5>和<块 1，块 4>。随后进行动态分析时，只需要单次在上述 3 条路径中任选 1 条，就实现了降低单次执行的空间复杂度的目的。

Anti-Driller 的算法执行过程如算法 2-5 所示。其首先初始化一个栈结构 S 及空集合 A（第 1 行）。随后，针对待测程序 p 构建控制流图 G（第 2 行）。由于待测程序只有一个程序入口，因此将 G 的起始顶点 n_0 压入栈 S 中（第 3 行）。若 S 不为空，将 n_i 从 S 中弹出（第 4～5 行）。在对 G 进行深度优先遍历时，Anti-Driller 检查 n_i 是否有相邻的节点 n_j（第 7 行）。若 n_j 不存在相邻节点，则可得到一条执行路径 $\langle n_0, \cdots, n_i, n_j \rangle$（第 8 行）。基于该路径，Anti-Driller 将构造出特定的测试用例 ans（第 9 行）。之后，模糊器利用 ans 作为初始种子，并对该种子进行变异与生成操作，以产生能够使程序崩溃的输入 s，s 将被加入集合 A（第 10～11 行）。此外，

如果 n_j 存在邻居节点，n_j 将被压入栈 S 中（第 14 行）。最终，崩溃输入集合 A 将被作为返回值输出。

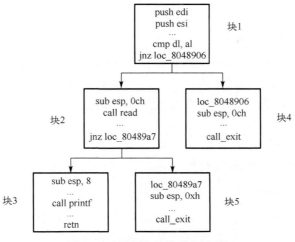

图 2-8　漏洞程序的控制流图

算法 2-5　Anti-Driller 工作流程

输入：待测程序 p

输出：崩溃输入集合 A

1.　初始化栈 S 为空，集合 A 为空

2.　为待测程序 p 构建控制流图 G

3.　将 G 的起始顶点 n_0 压入栈 S 中

4.　**while**　$S \neq$ NULL　**do**

5.　　　将 n_i 从栈 S 中弹出

6.　　　**for**　n_i 的未被访问过的邻居节点 n_j **do**

7.　　　　　**if**　n_j 无子节点 **then**

8.　　　　　　　得到一条路径 $\langle n_0, \cdots, n_i, n_j \rangle$

9.　　　　　　　使用符号执行方法对 p 求解得到特定输入 ans

10.　　　　　　　**for** 在 ans 基础上经过模糊测试求解得到的崩溃输入

11.　　　　　　　　　将 s 添加至集合 A

12.　　　　　　　**end for**

13.　　　　　**else**

14.　　　　　　　将 n_j 压入栈 S 中

15.　　　　　**end if**

16.　　　**end for**

17.　**end while**

18.　**return** *A*

　　Anti-Driller 作为已有挖掘技术的补充，能够有效提高对目标软件的深层次代码脆弱性挖掘的成功率。但是该方法使用了模糊测试方法对特定的块路径进行崩溃输入生成，因此其效率与可用性会受到模糊测试方法的影响。

2.3.4　漏洞自动化利用 AutoE

　　本节提出三种具体的漏洞利用技术，包括 POV fuzzer、AutoJS 和 AutoROP。

　　1.　最简化的漏洞利用技术 POV fuzzer

　　POV fuzzer 针对简单的应用实现漏洞利用，其核心思想是在栈溢出的脆弱性攻击过程中，如果能够直接获取精确的函数返回地址并控制指令寄存器，即可以直接注入 shellcode，从而有较大概率能够成功实现脆弱性攻击。该方法的最大优点是简单、攻击时间短。

　　POV fuzzer 的漏洞利用过程如算法 2-6 所示。给定待测程序及崩溃输入片段，POV fuzzer 拟判断该崩溃输入片段是否可利用，若可利用则自动生成利用代码。在攻击过程中，首先将崩溃输入片段输入待测程序中(第 1 行)。当程序崩溃时，操作系统将自动产生核心转储文件。该文件存储了程序运行崩溃时所存储的运行时寄存器与内存信息。通过所输入的崩溃代码片段与崩溃时的寄存器、内存信息进行"最大公共子串"匹配，可得到能够控制指令寄存器的偏移量(第 2~3 行)。随后，通过填充与偏移量相等数量的字符与 shellcode，POV fuzzer 能够自动生成攻击脚本并输出(第 5~6 行)。

算法 2-6　POV fuzzer　工作流程

输入：待测程序 *p*，系统崩溃输入 *s*

输出：远程可交互的 shell 或空

1.　使用 *s* 作为待测程序 *p* 的输入

2.　从系统核心转储文件中读取崩溃时信息，$c \leftarrow read(core\_dump\_file)$

3.　求取最大公共子串的偏移量 offset，$offset \leftarrow long\_common\_str(c)$

4.　生成漏洞利用字符串，$exp\_str \leftarrow offset + shellcode$

5.　尝试获取 shell，$shell \leftarrow get\_a\_shell(exploit)$

6.　**return**　shell 或 $\varnothing$

　　下面通过图 2-9 中的例程对 POV fuzzer 的具体执行过程进行解释。在图 2-9 中，脆弱性点位于第 6 行 read()函数处。通过输入一段字符串"AAA%AAsAAB AA\$AAnAACAAAA（AADAA;AA）AAEAAaAA0AAFAAbAA1AAGAAcAA2AAH AAdAA3AAIAAeAA4AAJAAfAA5AAKAAgAA6AALAAhAA7AAMAAiAA8AAN AAjAA9AAOAAkAAPAAlAAQAAmAARAAoAASAApAATAAqAAUAArAAVAAt AAWAAuAAXAAvAAYAAwAAZA AxAAyA"，可以检测到该程序崩溃，并产生核心转储文件。随后在该核心转储文件中，能够发现程序崩溃时指令寄存器中存储的字符是"rAVV"。利用最大公共子串算法输入字符串及"rAVV"进行匹配，可计算得出输入子串与返回地址间的相对偏移量。

```
1  #include<stdio.h>
2  #include<stdlib.h>
3  int main() {
4      char name[8] = {0};
5      puts ( " input your name ;");
6      read(0, name, 0x64);
7      printf("your name is : %s\n", name);
8      return 0;
9  }
```

图 2-9　漏洞利用程序

2. 面向随机地址的脆弱性利用 AutoJS

　　由于实际中脆弱性的情况较为复杂，例如，实际系统中可能使用了地址空间布局随机化等技术，导致 POV fuzzer 利用技术的失效。为了突破以上技术壁垒，本节提出利用"函数返回时，扩展堆栈指针（extended stack pointer，ESP）寄存器所指的地址是淹没的返回地址的下一位"这一重要特征，通过利用 JMP ESP 指令控制程序执行指针指向 shellcode 并执行，从而实现脆弱性利用。

　　AutoJS 的执行过程如算法 2-7 所示。给定待测程序 p 和崩溃输入片段 s，AutoJS 首先获得返回地址与起始地址间的偏移量（第 1 行）。之后，在反汇编代码中搜索"jmp esp"代码片段，并将其地址作为跳板填入（第 2 行）。自动生成的利用代码包括崩溃片段（第 4～5 行）、变量 jmp_esp_address（第 7 行）及 shellcode（第 7 行）。AutoJS 以 20B 的字符串、jmp_esp_address（0x080ac 99c）及 shellcode 共同组成利用代码，能够成功实现对图 2-9 中的程序系统脆弱性的利用。

算法 2-7　AutoJS 工作流程

输入：待测程序 p、系统崩溃输入 s 和 shellcode

输出：远程可交互的 shell 或空

1.　　　使用 s 作为待测程序 p 的输入，并计算得到相对偏移量 offset
2.　　　搜索"jmp esp"汇编指令代码，并获得其地址 jmp_esp_address
3.　　**if** jmp_esp_address ≠ NULL **then**
4.　　　　**for** $i = 1$ to offset **do**
5.　　　　　　exploit[$i++$] = $s[i]$
6.　　　　**end for**
7.　　　　　　exploit ← exploit + jmp_esp_address + shellcode
8.　　　　　　尝试获取 shell，shell ← get_a_shell(exploit)
9.　　**end if**
10.　**return** shell 或 ∅

3. 面向栈保护的脆弱性利用 AutoROP

为了保护信息系统的安全性、帮助防止数据页被当作代码执行、有效分离数据与代码，数据执行保护技术被提出。但该技术不允许在系统栈上执行代码，因此将导致 AutoJS 技术的失效。为了突破以上难题，本节提出一种基于 ROP 技术的攻击方法，其核心思想是通过利用程序内部的代码小片段，构造出完整的攻击代码执行逻辑，从而实现脆弱性利用。例如，假设拟使用系统函数 execve("/bin/sh", Null, Null) 实现系统权限获取，需将字符串"/bin/sh"放置在系统栈上，并在寄存器 EAX、EBX、ECX、EDX 中分别填充"0xb"和"/bin/sh"在系统栈中的地址、0 与 0。随后，调用系统调用 int 0x80 即可完成该函数的执行。

AutoROP 工作流程如算法 2-8 所示。给定待测二进制程序 p 及崩溃输入片段 s，AutoROP 首先获得起始地址与返回地址间的偏移（第 1 行）并在程序中搜索 ROP 代码序列（第 2 行）。之后，将崩溃输入片段与 ROP 代码序列拼接成利用代码（第 4~6 行），可实现系统权限获取（第 7 行）并输出（第 8 行）。

算法 2-8　AutoROP 工作流程

输入：待测程序 p，系统崩溃输入 s

输出：远程可交互的 shell 或空

1.　　使用 s 作为待测程序 p 的输入，并计算得到相对偏移量 offset
2.　　搜索待测程序 p，获得 rop_gadgets
3.　　**if** rop_gadgets ≠ NULL **then**

4.　　　　　**for**　$i = 1$ to offset　**do**

5.　　　　　　　$exploit[i + +] = s[i]$

6.　　　**end for**

7.　　　　　　$exploit \leftarrow exploit + rop\_gadgets$

8.　　　　　尝试获取 shell，　$shell \leftarrow get\_a\_shell(exploit)$

9.　　**end if**

10.　**return**　shell 或 $\varnothing$

下面将通过使用 AutoROP 对图 2-9 中的程序进行自动利用来介绍 AutoROP 的具体执行过程。利用代码如图 2-10 所示，命令"/bin/sh"被植入在系统栈上，并且经过搜索获得了汇编指令"pop EAX""pop EBX""pop ECX""pop EDX"及崩溃输入片段在栈上的地址。随后，这些指令被顺序地执行且使 execve() 系统调用被顺利执行。

```
1  //触发程序崩溃
2  exploit = "/bin/sh\x00" + "A" *12
3  // "pop EAX"的地址
4  exploit += 0x80b8336
5  //系统调用号
6  exploit += 0xb
7  //"pop EBX"的地址
8  exploit += 0x80481c9
9  //崩溃点的地址
10 exploit += 0xbffff3e8
11 //"pop ECX"的地址
12 exploit += 0x80debc5
13 //ECX 的值
14 exploit += 0x00
15 //"pop EDX"的地址
16 exploit += 0x806edca
17  //EDX 的值
18  exploit += 0x00
19  //触发系统调用
20  exploit += int 0x80
```

图 2-10　漏洞利用代码

2.4　人机协同的软件漏洞利用

软件漏洞的分析和利用十分复杂，其完整过程包括模糊测试、崩溃样本分析、概念验证（proof of concept，PoC）编写、漏洞可利用性判定、漏洞利用编写等环节。模糊测试环节又包括了识别待测程序的输入格式、生成模糊测试数据、执行模糊测试、监视异常等子环节。漏洞利用需要考虑待测程序开启的各种保护措施。这样粗粒度、高复杂度的任务需要分析人员具备较强的漏洞分析综合素质才能完成，高门槛使面向漏洞分析的群智规模受限，分析效率低下。本节在系统设计实现层面，提出人机协同信息获取与融合机制，降低漏洞分析复杂度，提高漏洞分析和利用的效率。

2.4.1 人机交互机制设计

设计人机交互时，需要解决两个主要问题：一是针对非标准输入应该怎么进行处理；二是人机交互界面的组成。针对这两个问题，本节拟从如下几方面进行介绍。

1. 非标准输入输出流攻击面数据格式的自动转化

（1）标准输入输出。执行一个程序的时候通常有三个标准文件会自动打开，即标准输入输出文件，通常对应终端的键盘；标准输出文件和标准错误输出文件，这两个文件都对应终端的屏幕，进程将从标准输入文件中得到输入数据，将正常输出数据输出到标准输出文件中，而将错误信息送到标准错误输出文件中。

（2）如何在环境模拟程序中转化输入。在环境模拟程序中，程序没有严格的输入输出，而是依赖于系统的环境，例如，Linux 中的 df 命令从/dev/目录下获取关于分区和挂载点的输入（不是 stdin），因此问题在于无法将直接来自用户的 stdin 的输入转化为 df 命令可以接收的输入。类似的程序还有许多，如从网络获取输入、从多个文件获取输入、从鼠标获取输入等。

（3）如何在非 stdin 获取输入的程序中转化输入。通常来说，C/S 程序和"一般程序"的区别在于：C/S 程序需要从 socket 等网络端口获取数据，而一般程序通过命令从 stdin 中获取数据。从 socket 中获取数据需要一个等待的过程，同时获取到的数据没有办法作为 AFL 等测试工具的直接输入，因为 AFL 等测试工具的输入数据是 stdin。因此，问题的关键在于如何将数据注入目标程序中，方法有三种：第一种方法是写 Wrapper 程序，让目标程序从 stdin 读取获取到的数据，而不是直接获取。第二种方法是传统的录制和回放（record&replay）方法，主要基于 Radamsa 等不带反馈机制的模糊测试工具，其主要思想就是记录 socket 端口的数据包，经过变异之后，将变异后的数据包重放回目标程序。由于 Radamsa 不带反馈机制、编译时插桩机制，因此无法获取源代码的覆盖率信息，但是 Radamsa 相对于 AFL 可以对网络包的解析做得更准确。第三种方法是不用 AFL 编译时插桩来监控目标代码的覆盖率信息，而采用一种基于硬件反馈的模糊测试工具 Honggfuzz。该方法不需要编译时插桩，也不需要手工写 Wrapper 程序，相对简单、高效一些，方法三可以看作方法一和方法二的融合。

（4）如何在非美国信息交换标准代码（American Standard Code for Information Interchange，ASCII）输入的程序中转化输入。很多程序会对输入进行编码或者解码，然后得到适合人处理的数据，再进行相关的处理，这时候程序得到的输入结果可能并不是 ASCII 的，这也就说明人无法直接为程序提供输入，在这种情况下，最直接的解决办法是跳过编码/解码的步骤，把适合人提供的输入直接提供给程序，这样平台就能应用到更广的程序中。

2. 人机交互界面设计

漏洞自动化挖掘系统与人类助手之间的接口必须以双方都能理解的方式设计。为此，本节创建了一个人机交互界面，它向人类展示了非专业人员也能熟悉的程序分析概念。该人机交互界面的组成如图 2-11 所示。

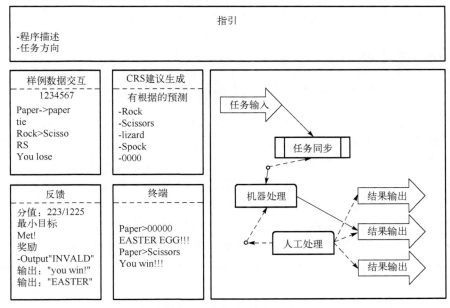

图 2-11　人机交互界面

程序描述：当目标程序的描述可用时，它可以帮助人类助手与之交互。对于 CGC 二进制文件，此描述包括程序作者编写的非常简短（通常为 4～5 个句子）的程序摘要。在现实环境中，可以为人类助手提供所测试软件的技术手册。

任务说明：漏洞分析系统提供人类可读的指令，与每个任务钩一起呈现给助手。

样例数据交互：漏洞分析系统以输入和输出数据的形式提供以前与软件交互的日志。对基于文本的软件，为了帮助助手了解从它们产生的数据(程序输入)和来自程序(程序输出)的内容，输入和输出以不同的颜色显示。

CRS 建议生成：为了帮助助手了解如何调整测试用例，它们可以调用偏差注释界面。此界面可使人类助手更好地理解如何使程序的行为与示例测试用例中的不同。

终端：为了促进人类助手和目标程序之间的交互，提供终端以与软件交互。同样，为了帮助助手理解用户输入与程序输出的区别，输入和输出以不同的颜色显示。

反馈：为了确保任何面向人的任务都有一个清晰的最终目标，以避免人类助手混淆或误解。对于项目研发的漏洞分析系统而言，其要求人类助手能够触发之前从未见过的功能，因此需要为助手提供反馈，以便其了解关于控制流转换的先前未见量。

除此之外，漏洞分析系统还提供未触发输出字符串的显示，凭借人类助手推理语义信息的能力，可以更好地定位程序中未触发的功能。每个任务钩还有一个超时和一个中止按钮：如果人类助手在超时之前无法完成任务钩，或者按下中止按钮，则任务钩将终止。

2.4.2　基于专家知识的复杂软件漏洞挖掘

传统的漏洞挖掘工作主要集中于内存溢出相关的漏洞分析，这类漏洞的安全检测策略通常采用插桩(instrumentation)监控的方式。在分析手段上往往采用静态分析、符号执行、模糊测试等技术，随着智能技术的发展，人们提出了不少智能化漏洞挖掘的方法，在效率和适用性方面较传统漏洞挖掘技术有新的进步。但现有的工作存在两个方面的问题，一是现有智能漏洞挖掘主要集中于简单漏洞模式，对复杂漏洞类型，如数据注入、数据误用、逻辑错误等没有进行系统性研究；二是对大而新的漏洞模式特别是复杂语义漏洞等具有挑战性的漏洞分析，鲜有系统研究。漏洞模式构建的滞后性以及对人类经验的高度依赖，导致复杂漏洞挖掘效率低、精度差。

本节介绍基于专家知识解决复杂语义漏洞难以挖掘问题的方法。首先，收集漏洞所在的函数语义以及漏洞的修补语义这两类语义信息。其次，利用专家知识对提取的特征进行甄别和过滤。最后，利用过滤后的特征识别因完全或局部复用引入的未知漏洞、开发引入但被经典漏洞类型所涵盖的未知漏洞以及漏洞类型和漏洞逻辑均未知的全新漏洞。下面对关键技术进行简单介绍。

1. 基于函数语义的智能漏洞检测

软件行业普遍存在缩短开发周期、提高开发效率的需求。这种需求引起的代码复用使包含已知漏洞的库、函数或代码片段在不同软件之间传播扩散。针对因完全或部分复用了包含漏洞的代码所引入的漏洞，相关工作多采取对漏洞函数建模的策略，用漏洞函数模型代替漏洞模式，通过识别疑似漏洞函数，实现对疑似复用引入的漏洞的检测。

针对上述问题，新一代漏洞挖掘系统引入了安全研究人员这一变量，将其融入自动化漏洞挖掘的流程中。在漏洞建模过程中，通过消除与漏洞无关的特征或信息，得到去除噪声后的漏洞特征，分别对漏洞函数特征和漏洞特征进行建模。由于现有的程序分析技术存在漏洞特征误报问题，因此安全研究人员可以在该阶段对提取的漏洞函数特征和漏洞特征进行确认，并去除不准确的特征或修正特征。在后续的漏洞检测过程中，首先使用漏洞函数特征识别相似的函数/代码片段，再基于漏洞特征检测其中是否存在漏洞。如图 2-12 所示，重点关注以下两方面。

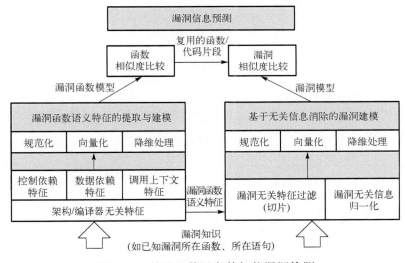

图 2-12　基于函数语义的智能漏洞检测

(1) 漏洞函数语义特征的提取与建模技术。使用比控制流图和统计信息更具鲁棒性的函数语义特征，以及二进制程序跨架构、跨编译器不变特征的描述与提取技术，作为函数建模和漏洞建模的基础；配合使用多维特征的抽象建模技术，在控制检测开销的同时避免对特征的过度抽象导致的检测精度下降。

(2) 基于无关信息消除的漏洞建模技术。以函数语义特征为基础，结合程序切片等传统程序分析技术，过滤其中与漏洞无关的特征，降低漏洞无关部分对漏洞模式的干扰；基于漏洞无关信息的识别与归一化，对特征描述中的漏洞无关信息进行归一化处理，提高漏洞模式的抽象程度，从而在不影响漏洞检测精度的同时，提高检测效率。

2. 基于修补语义的智能漏洞检测

由于程序员存在错误编程的惯性，相当一部分漏洞虽然不是由于代码复制引入的，但它们与某些历史漏洞之间具有相似的错误逻辑。这些具有相似错误逻辑的漏洞被赋予相同的漏洞类型，如堆溢出、栈溢出、整数溢出等。事实上，现有的漏洞挖掘系统配备的漏洞模式也主要来自通用缺陷枚举(common weakness enumeration，CWE)漏洞特征知识库中对已知漏洞类型以及该漏洞类型在开发语言层面上的漏洞特征的总结。为此，可以充分发挥补丁的作用，以已修补的漏洞作为切入点，使用基于修补语义的漏洞建模及检测方法。现有的软件更新日志中可能对补丁没有进行详细的介绍，导致在提取补丁的语义信息时会引入过多的误差。因此，在本阶段安全研究人员需要对补丁信息进行预确认，判断已修改的代码与补丁信息是否一致，从数据集中删除那些不一致的补丁，减少漏洞检测过程中的误报和漏报。如图 2-13 所示，在语义信息提取过程中，重点关注以下两个方面。

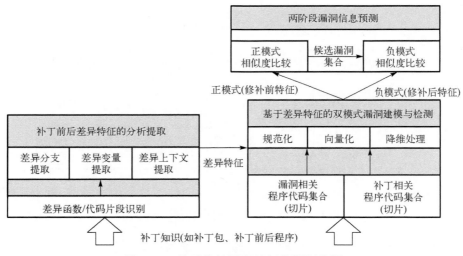

图 2-13　基于修补语义的智能漏洞检测

(1)补丁前后差异特征的分析提取技术。通过分析补丁，不仅能够明确漏洞的位置和范围，进而提取与漏洞相关的代码特征，降低漏洞无关的"噪声"代码对漏洞建模的干扰，而且补丁后的代码也给出了一个正确的编码示例，即不包含对应漏洞的正确实现逻辑。因此，识别和提取能够表征补丁前后语义差异的特征，并在漏洞建模过程中赋予上述特征更高的权重，还可以有效降低与漏洞特征相同/相似的补丁特征对建模的干扰，提高漏洞模式的检测精度。

（2）基于差异特征的双模式漏洞建模与检测技术。基于已提取的补丁前后差异特征，研究能够更好地服务于漏洞检测的双模式漏洞模型的描述及构建方法。双模式由表征补丁前漏洞特征的正模式以及表征补丁后特征的负模式构成。当应用于漏洞检测时，正模式将用于发现候选漏洞，负模式用于筛选其中更接近补丁特征的候选漏洞，从而达到减少误报、提高检测精度的目的。

2.4.3　基于流程驱动的漏洞利用

漏洞利用往往涉及精准的控制流"勾连"（stitch）和缓解机制绕过等技术。其主要包含脆弱点位置识别、程序内存布局优化与编排和自动化漏洞利用生成三个阶段。上述三个阶段中，脆弱点位置识别是漏洞利用的前提，一般脆弱点是利用代码开始生成的标志。程序内存布局优化与编排是漏洞利用生成的核心，由于软件的结构和功能十分复杂，本节提出安全研究人员介入的方法，手动分析被测程序并进行内存布局编排。针对相同类型的漏洞，漏洞利用代码生成的步骤相似，可以先抽象每一个利用步骤，再以自动化的方式生成漏洞利用代码。具体流程如下。

1.　脆弱点位置识别

脆弱点位置识别主要通过多源污点分析和影子内存（shadow memory）技术来实现。对于每一个内存申请行为（如 malloc 函数的调用），在申请到的内存地址指针上，打上唯一的污点标签 tid。同时维护一个和内存对应的影子内存，影子内存上存储的是对应的内存地址的污点标签 tid 和内存的状态（busy，free，uninitialize）。

对于每一个内存读写操作，会做如下的检查。

R1：内存读或写指令的地址指针上的污点标签，必须等于相应地址的影子内存的污点标签。

R2：内存读指令的内存地址对应的影子内存状态必须为 busy。

R3：内存写指令的内存地址对应的影子内存状态必须为 busy 或 uninitialize。

对于违反上述任意一条原则的行为，都认为发生了内存违例。上述脆弱点识别技术可以精确地识别绝大多数漏洞类型。例如，对于 UAF 漏洞，当释放的内存被占位后，现在主流的内存违例检测技术，如 AdddressSanitizer、Valgrind 都无法检测到脆弱点。对于这种情况，由于占位后的内存对应的影子内存的污点标签和悬挂指针上的污点标签不符合，这会导致含有悬挂指针的内存读写指令违反上述的 R1 原则，进而被检测到。

2. 程序内存布局优化与编排

在检测到内存违例点后，首先获取关键内存的操作涉及的程序切片，关键内存指漏洞中涉及非预期篡改的内存，如溢出漏洞中被溢出的内存、UAF 中被覆盖的内存。然后获取脆弱点的内存布局情况，如内存块的范围、状态及相关的内存申请位置。这些信息有助于安全研究人员进行内存布局的优化。

程序的内存状态空间是指程序指令操作对应的全部内存状态，是程序漏洞利用的基础。对于 32 位系统，一个进程的内存大小是 4GB，可能的内存取值空间是无穷的，而对于 64 位系统，内存取值空间更大。如图 2-14 所示，本节根据漏洞利用的需求，把内存状态空间分为两个部分，即内存布局和内存数据行为。

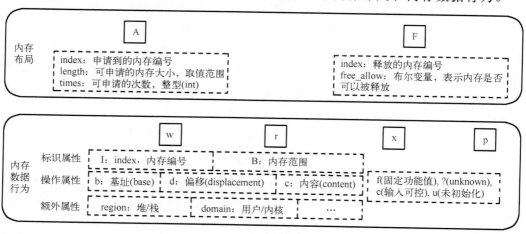

图 2-14 内存状态空间定义

内存布局主要指内存在申请、释放时形成的由各个小块的内存组成的内存格局。内存申请(alloc)使用 A 表示，它可以是在堆上通过 malloc 函数申请的堆块，也可以是在栈上通过栈指针移动申请的局部变量。内存申请包括两个维度：index 指申请到的内存编号，是内存的唯一标识，用于后续的释放和编辑等操作；length 指申请的内存大小，对于在堆上申请的堆块，它等于 malloc 函数的参数，对于在栈上申请的局部变量，它表示变量的长度。此外，还有一个变量 times，表示可以申请内存的次数。内存释放(free)使用 F 表示，它既可以是堆上的释放堆块，也可以栈上的退栈操作。F 中的 index 和 A 中的 index 含义相同，用于代表内存的唯一编号。

内存数据行为是指对于一块内存，程序可能的操作行为及数据的取值特征。其中的 r、w、x、p 代表程序的操作行为，r 代表内存读，w 代表内存写，x 代表内存的数据用于执行指令，p 代表内存的数据可以作为输出。标识属性、操作属性、额外属性则代表着程序执行 r、w、x、p 行为时，内存数据的取值特征。

　　标识属性中的 I 即 index，和上述提到的 index 含义一样，均指程序内存的
唯一编号。B 指内存操作的范围，对于正常的内存状态，这个范围和程序申请
时内存的大小是一致的，对于异常的内存状态，这个范围可能和内存申请时的
范围不一致，如溢出类漏洞的情况。操作属性是内存数据行为的关键属性。内
存数据行为中的额外属性用于表述内存的非核心性质，如 region 标识内存属于
堆还是栈，domain 指内存区域是内核空间还是用户空间，额外属性中也可以根
据具体的需要进行扩展。

　　造成当前漏洞利用自动化生成技术局限性的主要原因是其以程序崩溃点为起
始点，崩溃点通常在脆弱点的后面，这样导致无法更改脆弱点处的内存布局，无
法构造便于利用的内存异常状态而只能在随机产生的内存异常状态下进行局部数
据的修改来生成漏洞利用。为了提高漏洞利用的成功率，本节提出，安全研究人
员可以在此阶段来手动地构造可利用的内存异常状态。

　　对大量漏洞利用的过程进行总结后，本节提出安全研究人员在构造非预期内
存状态时需要遵循的规则，即长度匹配原则和数据有限破坏原则。

　　以漏洞利用堆内存布局为例，很重要的一点就是要根据堆块的长度来精确布
局，通过内存的申请和释放达到利用漏洞篡改关键数据的目的。例如，如图 2-15
所示，假设有 A、B、C 三个堆块，其中 C 堆块上有可利用的函数指针，而 A、B
堆块都没有堆溢出漏洞，如何通过溢出篡改 C 堆块的数据？可以通过释放 B 堆块
（挖坑），然后申请相同长度的存在溢出的 D 堆块，由于内存管理机制，D 堆块会
申请在刚刚释放的“长度匹配”的 B 堆块上（填坑），这样就可以通过 D 堆块的溢
出来篡改 C 堆块的数据。长度匹配原则可以利用堆管理机制上的特性，增加内存
布局的可能性，创造更多的漏洞利用机会。

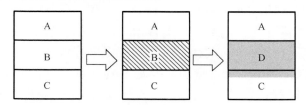

图 2-15　利用长度匹配原则进行内存布局

　　构造内存异常状态时，要确保利用漏洞构造异常的前后，内存行为会发生改
变。例如，原有的内存数据行为中的内容是输入可控的，而溢出后这片内存的内
容仍然是输入可控的，这说明漏洞虽然被触发了，但并没有产生任何效果，是无
法被利用的；构造内存异常状态时，也应该保证构造的是异常状态而不是“出错
状态”。例如，被溢出的内存中含有 cookie 等数据，如果破坏就会导致程序出错。

数据有限破坏原则的目的就是使通过漏洞构造的内存异常状态维持在一个合适的程度，即在不导致出错的情况下能产生实际的异常行为。

3. 自动化漏洞利用生成

如前所述，漏洞会导致程序的内存异常，漏洞利用的过程可以用内存异常的传导、扩散来表示。本节采用形式化的语言描述整个内存状态转换过程，让机器自动化地重构路径拓扑，并寻找漏洞利用路径。

程序执行过程中，内存的数据行为并不是孤立的点，而是互相连接形成一个网络结构。不同的内存操作(读 r，写 w，执行 x，打印 p)可以相互转换。转换原则如表 2-2 所示。

表 2-2　内存操作行为的转换

转换	数据操作
r→r	读取的数据作为后续操作的基址(base)或偏移(displacement)
r→w	读取的数据作为后续操作的基址或偏移或内容(content)
r→x	读取的数据作为执行操作的基址
w→r	写入的数据用作后续读操作的基址或偏移或内容
w→x	写入的数据作为代码执行
x→x	执行的代码决定了后续执行的基址或偏移或内容
w→p	写入的数据作为打印内容
r→p	读取的数据作为后续打印操作的基址或偏移或内容

下面举例具体说明。如图 2-16(a)所示的代码片段，该代码片段为输入指定 index，在一个数据指针列表中读取一个数据指针，然后使用 strcpy 函数向数据指针指向的内存中写入输入可控的数据。第一个步骤中(图 2-16(a)的 1～3 行)，从输入读取数据，然后再次读取数组中的数据，这里的转换是表 2-2 中的 r→r，即读取的数据作为后续读操作的偏移。然后从数组中读取的数据作为 strcpy 的目的地址，写入输入指定的数据，这里的转换是 r→w，即读取的数据作为后续写操作的基地址。整个过程的状态转换是 r→r→w，再加上获取的内存数据行为，图 2-16(a)可以完整表述图 2-17。

也可以从上述的转换中推断数据性质的传递。例如，在 r→r 的转换中，第一个 r 操作中数据(命名为 c)会传给第二个 r 操作的偏移(基于读取数据的偏移，命名为 d)，由于第一个 r 的 c 性质为输入可控，所以第二个 r 操作的 d 的性质也为输入可控。同理，对于图 2-16(b)的虚表操作代码片段，可以用内存状态转换的方式表述图 2-18。

1 mov eax, [rsp+0B0h]	mov rax, [r12]
2 cdqe	mov rdi, r12
3 mov rax, ds: list [rax*8]	call qword ptr [rax+30h]
4 lea rdx, [rsp + input_str]	
5 mov rsi, rdx; src	
6 mov rdi, rax; dest	
7 call_strcpy	
(a)数据指针数组操作	(b)函数虚表操作

图 2-16　代码片段

图 2-17　代码片段(a)

图 2-18　代码片段(b)

上述内容讲述了在程序指令下的内存正常状态的转换,构成了一个程序路径拓扑图。对于漏洞利用来说,从漏洞触发的那一刻开始,内存异常就会沿着路径拓扑的边进行传导,漏洞利用生成过程更关注内存异常状态的传导。

仍以图 2-16(a)为例,假如通过溢出漏洞篡改了数据指针数组的数据,并控制其中的数据指针。而在 r→w 操作中,读取的数据作为写操作的基地址,所以写操作的基址指针为输入可控,这造成了任意地址可以写入任意数据的结果。

如图 2-19 所示,初始 bf 最终转化为 bc,w|bc-df-cc|heap 的基址和内容都是输入可控的,因此可以在任意地址写任意数据。

图 2-19　代码片段(a)示例

触发漏洞构造的内存异常状态除了能更改原有内存状态转换路径上节点的内存操作性质外,也可以把不相连的两条内存状态转换路径连接起来。如图 2-19 中,一条内存状态转换链在漏洞的影响下转化为内存异常状态转换链,并可以实现在任意地址写任意数据。假如有另一条内存异常状态转换链造成了内存信息泄露,两条转换链组合到一起,则可以篡改泄露信息的内存模块上的任意数据。如果该内存模块上有函数虚表操作,如图 2-16(b)所示,则可以劫持控制流。

　　上述内容通过组合两条内存异常状态转换链，把原本毫无关系的虚表操作通过任意地址写的操作联系起来，且绕过了地址空间布局随机化（address space layout randomization，ASLR）技术，进一步可以通过 ROP 或返回 libc（return-to-libc）操作绕过数据执行保护（data execution prevention，DEP），完成了漏洞组合利用绕过 DEP+ASLR 的漏洞利用路径自动生成。

2.5　实验与结果分析

2.5.1　可扩展模型的漏洞利用性能评估

1．实验设计

　　本节通过实验来评估 AEG-E 的漏洞利用能力，在本实验中选择 Rex 作为对比实验。Rex 是 Mechanical Phish 的漏洞利用生成模块，它可以对 CGC 题目和真实世界的程序进行自动崩溃复现和漏洞利用生成。测试数据集包括 RHG 2019、RHG 2020 和 RHG 2021，这些数据集包括多种漏洞类型：栈溢出（stack overflow）、整型溢出（integer overflow）、堆溢出（heap overflow）等。本实验主要关注堆栈溢出的漏洞，从防御机制、利用策略和编译方法的角度选择具有代表性的题目。此外，还选择了真实世界的一些应用程序（aspell 和 htget）进行测试，在 Ubuntu 16.04.4 的系统中使用 GCC 5.4.0 编译它们的源码后得到二进制文件。本实验所用的数据集如表 2-3 所示。

表 2-3　漏洞利用测试数据集及实验结果

程序名	来源	编译类型	大小/KB	保护措施		漏洞利用类型	是否可利用	
				PIE	NX		AEG-E	Rex
2019-bin1	RHG 2019	静态	672.056			shellcode (jmp_exp)	√	√
2019-bin3	RHG 2019	静态	672.056		√	ROP (stack migration)	√	
bin.718	RHG 2020	动态	5.864		√	ROP (ret2libc)	√	√
bin.719	RHG 2020	静态	672.060		√	ROP (ropchain)	√	
2021-bin1	RHG 2021	动态	5.612		√	ROP (ret2lib, desc-chain)	√	
2021-bin3	RHG 2021	动态	5.472	√		shellcode	√	
aspell-0.50.5	CVE-2004-0548	动态	7.656			shellcode (ASCII)	√	
htget-0.93	CVE-2004-0852	动态	21.904		√	ROP (ret2libc)	√	

　　注：PIE 表示位置独立可执行（position independent executable），NX 表示禁止执行（no excute）。

2. 漏洞利用有效性验证

实验结果如表 2-3 所示，对于每个被测程序，AEG-E 和 Rex 的最长分析时间设置为 300s。2019-bin1 和 bin.718 是堆栈溢出类型，由于堆栈中有足够大的可控缓冲区且静态链接的二进制文件中有足够的 gadgets，AEG-E 和 Rex 都可以实现劫持控制流到有效载荷（payload）。但 2019-bin3 对输入大小有限制，因此没有足够的可控区域让攻击者存放 ROP gadgets。Rex 则无法处理这种情况，而 AEG-E 通过可配置的描述文件来实现堆栈迁移，可以将函数堆栈迁移到其他可控区域并铺设有效载荷。并且，Rex 在分析 bin.719 时崩溃，经过分析后发现，bin.719 会读取一些辅助向量信息，但 Angr 并未提供相应的支持。Rex 对 2021-bin1 利用后失败的原因是被测程序中没有像 "/bin/sh" 这样的字符串来作为 execve() 的参数，但 AEG-E 支持向程序中写入"/bin/sh"，并通过提供两阶段配置来生成漏洞利用。最后，在对 2021-bin3 的漏洞利用实验中 Rex 发生崩溃，主要原因是 Angr 在到达崩溃点之前具体化了输入中的一些字节。而 AEG-E 可以避免具体化符号变量带来的影响，在程序访问符号化区域之前生成漏洞利用。aspell-0.50.5 和 htget-0.93 是真实世界的程序，它们具有更复杂的检查机制和程序结构。AEG-E 可以有效地重现崩溃并分析漏洞，而 Rex 无法处理这些真实世界的程序。

3. 漏洞利用效率验证

AEG-E 和 Rex 的运行时间如表 2-4 所示，符号 "-" 表示 Rex 无法对相应的题目生成利用，符号 "-*" 表示 Rex 甚至无法在符号执行中重现崩溃。从实验结果来看，AEG-E 可以快速重现崩溃路径并探索符号执行中的崩溃点，且 AEG-E 的漏洞利用成功率更高。重现崩溃路径的时间取决于目标二进制程序的复杂性。例如，2019-bin3 是静态编译的程序，在源代码大小相同的情况下比动态链接的程序大，复现崩溃路径的时间也更长。另外，一旦在崩溃重现期间找到正确的执行状态，后续漏洞利用的生成会非常快。

表 2-4 AEG-E 和 Rex 的漏洞利用时间

程序名	AEG-E 的运行时间/s			Rex 的运行时间/s
	崩溃复现	利用生成	总用时	
2019-bin1	38.476	0.011	38.487	43.061
2019-bin3	58.553	0.043	58.596	-
bin.718	36.281	0.012	36.293	22.550
bin.719	38.218	0.042	38.260	-
2021-bin1	44.931	0.010	44.941	-
2021-bin3	162.095	0.030	162.125	-*

续表

程序名	AEG-E 的运行时间/s			Rex 的运行时间/s
	崩溃复现	利用生成	总用时	
aspell-0.50.5	59.011	0.116	59.127	-
htget-0.93	202.502	0.065	202.567	-*

Rex 在 bin.718 上的漏洞利用生成时间要少于 AEG-E。主要原因是 AEG-E 是基于 S2E 实现的，S2E 在系统模式下对目标程序进行符号执行。而 Rex 是基于 Angr 实现的，它仅需对被测程序进行模拟。所以，AEG-E 比 Rex 需要更多时间来初始化分析环境。对比 aspell-0.50.5 和 htget-0.93 的实验结果可以发现，AEG-E 在分析真实程序方面也有很好的效率，并且比 Rex 更稳定。

2.5.2 漏洞自动化挖掘与利用性能评估

1. 实验设计

如表 2-5 所示，在数据集选择方面，我们选用了 2018 年度黄鹤杯竞赛实验验证（RHG 2018）数据集和 2019 年度百度杯 BCTF-RHG 人工智能网络攻防赛实验验证（BCTF-RHG 2019）数据集，RHG 2018 共包括 25 个二进制文件，从系统脆弱性角度可分为栈溢出、格式化字符串溢出和堆溢出 3 类。BCTF-RHG 2019 共包括 20 个二进制文件，可分为栈溢出、格式化字符串溢出、整数溢出、堆溢出、协议脆弱性及逻辑脆弱性 6 类。所有的算法均由 Python 2.7 和 C++实现，且所有的实验均运行于一台具有 Core-i7 6700K CPU（4.00GHz）以及 64GB 内存的 Linux 操作系统服务器上。为了验证 AutoD 在漏洞挖掘方面的有效性，本实验选取 AFL、AFLFast、AFLGo 和 Driller 进行对比。为了评估 AutoE 在漏洞利用方面的性能，本实验选取 Rex 进行对比。

表 2-5　漏洞利用数据集

漏洞类型	RHG 2018 数据集			BCTF-RHG 2019 数据集		
	#NT	#NE	系统序号	#NT	#NE	系统序号
栈溢出	13	5	R4, R8, R9, R13, R14	7	2	B2, B9
格式化字符串溢出	2	1	R19	3	0	0
整数溢出	无	无	无	1	1	B4
堆溢出	10	0	0	7	0	0
协议脆弱性	无	无	无	1	0	0
逻辑脆弱性	无	无	无	1	0	0

注：#NT 表示被测试的二进制文件总数；#NE 表示可被利用的二进制文件总数。

2. 漏洞自动化挖掘能力评估

本节对 Anti-Driller 漏洞挖掘方法的有效性进行分析。由于每一种方法均可产生多个崩溃输入，本实验只关注第一个可被利用的崩溃输入。表 2-6 显示了不同脆弱性挖掘方法产生的崩溃输入数量。AFL、AFLFast、AFLGo、Driller 及 Anti-Driller 能够分别为 1 个、2 个、2 个、2 个、2 个二进制程序产生可利用的崩溃输入。其中，只有 Anti-Driller 能够为 R4 与 R8 产生可利用的崩溃输入。其原因是，为使程序挖掘到 R4 与 R8 真实的脆弱性点，每种方法均需绕过检查性函数，而检查性函数很难被模糊测试方法绕过。区别于其他脆弱性挖掘方法，Anti-Driller 使用了控制流图，使其能够绕过检查性函数。

表 2-6　漏洞数量

漏洞挖掘方法	B2	B4	B9	R4	R8	R9	R13	R14	R19
AFL	14	12	10(9)	0	0	10	22	14	9
AFLFast	17	19	14	0	0	13(9)	47(21)	15	12
AFLGo	17(17)	19	12	0	0	12	46	13	14(27)
Driller	12	9(10)	4	0	0	9	39	2(34)	10
Anti-Driller	0	0	0	21(32)	10(22)	0	0	0	0

注：$x(y)$ 表示漏洞挖掘时间为 x 分钟，第一个可被漏洞利用的崩溃输入出现的时间为第 y 分钟。

此外，对于不同的二进制系统，由于其代码结构不同，产生第一个可利用的崩溃输入的时间与崩溃输入数量各不相同。

3. 漏洞自动化利用能力评估

表 2-7 显示了漏洞利用的实验结果。Rex、POV fuzzer、AutoJS 和 AutoROP 可以分别利用 3 个、4 个、8 个和 8 个二进制文件。AutoJS 和 AutoROP 明显优于 Rex 和 POV fuzzer，因为 Rex 是为 CGC 设计的，而 POV fuzzer 是为简单代码逻辑的二进制设计的。但 AutoROP 无法利用二进制 B4，经过分析后发现，主要是因为二进制程序中不存在可利用的 ROP 链。

表 2-7　漏洞利用结果

漏洞挖掘方法	B2	B4	B9	R4	R8	R9	R13	R14	R19
Rex	√	√	×	×	×	√	×	×	×
POV fuzzer	√	√	√	×	×	√	×	×	×
AutoJS	√	×	×	√	√	√	√	√	√
AutoROP	√	×	√	√	√	√	√	√	√

尽管 POV fuzzer 不能适用于所有二进制文件，但在 POV fuzzer 能成功利用的二进制上，它的漏洞利用速度最快。在大多数情况下，AutoJS 在运行时长方面高于 AutoROP。

总之，POV fuzzer 可以先确定二进制文件是否可以利用。对于 POV fuzzer 无法成功利用的二进制文件，可以依次调用 AutoJS 和 AutoROP 进行尝试。

2.6　本　章　小　结

本章首先对软件漏洞利用相关技术进行了介绍，阐述了现有技术在漏洞自动化利用中存在的缺陷及不足。然后提出基于可扩展模型的漏洞自动化利用技术 AEG-E，借助程序崩溃路径重放算法和可扩展的漏洞利用模型，实现对目标程序漏洞的利用。通过与先进的漏洞利用工具 Rex 进行对比，证明 AEG-E 在漏洞自动化利用的效率和成功率上都有明显的优势。然后介绍了 AutoDE，它与 AEG-E 最大的区别是不需要预先提供可利用的崩溃输入，即 AutoDE 实现了漏洞自动化挖掘与利用。最后，本章对人机协同的漏洞利用方式进行了展望，核心思想是将人引入漏洞挖掘、分析和利用的流程中，利用研究人员的专家知识赋能于复杂漏洞的挖掘和漏洞利用流程中的内存布局。

参　考　文　献

[1] 张斌. 软件漏洞自动挖掘和验证关键技术研究[EB/OL]. [2019-04-01]. https://wap.cnki.net/touch/web/Dissertation/Article/91002-1020386187.nh.html.

[2] Brumley D, Poosankam P, Song D, et al. Automatic patch-based exploit generation is possible: Techniques and implications[C]//2008 IEEE Symposium on Security and Privacy, Oakland, 2008: 143-157.

[3] Heelan S. Automatic generation of control flow hijacking exploits for software vulnerabilities[D]. Oxford: University of Oxford, 2009.

[4] Avgerinos T, Cha S K, Rebert A, et al. Automatic exploit generation[J]. Communications of the ACM, 2014, 57(2): 74-84.

[5] Cha S K, Avgerinos T, Rebert A, et al. Unleashing mayhem on binary code[C]//2012 IEEE Symposium on Security and Privacy, San Francisco, 2012: 380-394.

[6] Huang S K, Huang M H, Huang P Y, et al. CRAX: Software crash analysis for automatic exploit generation by modeling attacks as symbolic continuations[C]//2012 IEEE Sixth International Conference on Software Security and Reliability, Gaithersburg, 2012: 78-87.

[7]　Wang Y, Zhang C, Xiang X, et al. Revery: From proof-of-concept to exploitable[C]// Proceedings of the 2018 ACM SIGSAC Conference on Computer and Communications Security, Toronto, 2018: 1914-1927.

[8]　Wu W, Chen Y, Xu J, et al. FUZE: Towards facilitating exploit generation for kernel use-after-free vulnerabilities[C]//Proceedings of the 27th USENIX Conference on Security Symposium, Baltimore, 2018: 781-797.

[9]　Garmany B, Stoffel M, Gawlik R, et al. Towards automated generation of exploitation primitives for web browsers[C]//Proceedings of the 34th Annual Computer Security Applications Conference, San Juan, 2018: 300-312.

[10]　Heelan S, Melham T, Kroening D. Automatic heap layout manipulation for exploitation[C]// Proceedings of the 27th USENIX Conference on Security Symposium (USENIX Security 18), Baltimore, 2018: 763-779.

[11]　Eckert M, Bianchi A, Wang R, et al. HeapHopper: Bringing bounded model checking to heap implementation security[C]//Proceedings of the 27th USENIX Conference on Security Symposium, Baltimore, 2018: 99-116.

[12]　Yun I, Kapil D, Kim T. Automatic techniques to systematically discover new heap exploitation primitives[C]//Proceedings of the 29th USENIX Conference on Security Symposium, Boston, 2020: 1111-1128.

[13]　Cui W, Ge X, Kasikci B, et al. REPT: Reverse debugging of failures in deployed software[C]// 13th USENIX Symposium on Operating Systems Design and Implementation (OSDI 18), Carlsbad, 2018: 17-32.

[14]　Xu J, Mu D, Xing X, et al. Postmortem program analysis with hardware-enhanced post-crash artifacts[C]//Proceedings of the 26th USENIX Conference on Security Symposium, Vancouver, 2017: 17-32.

[15]　Mu D, Du Y, Xu J, et al. POMP++: Facilitating postmortem program diagnosis with value-set analysis[J]. IEEE Transactions on Software Engineering, 2019, 47(9): 1929-1942.

[16]　Blazytko T, Schlögel M, Aschermann C, et al. AURORA: Statistical crash analysis for automated root cause explanation[C]//Proceedings of the 29th USENIX Conference on Security Symposium, Boston, 2020: 235-252.

[17]　Wang M, Su P, Li Q, et al. Automatic polymorphic exploit generation for software vulnerabilities[C]//International Conference on Security and Privacy in Communication Systems, Cham, 2013: 216-233.

[18]　Shoshitaishvili Y, Bianchi A, Borgolte K, et al. Mechanical Phish: Resilient autonomous hacking[J]. IEEE Security & Privacy, 2018, 16(2): 12-22.

[19] Bellard F. QEMU, a fast and portable dynamic translator[C]//USENIX Annual Technical Conference, FREENIX Track, Anaheim, 2005, 41: 46.

[20] Chipounov V, Kuznetsov V, Candea G. S2E: A platform for in-vivo multi-path analysis of software systems[J]. ACM Sigplan Notices, 2011, 46(3): 265-278.

[21] Miller B P, Fredriksen L, So B. An empirical study of the reliability of UNIX utilities[J]. Communications of the ACM, 1990, 33(12): 32-44.

[22] Newsome J, Song D X. Dynamic taint analysis for automatic detection, analysis, and signature generation of exploits on commodity software[C]//NDSS, 2005, 5: 3-4.

[23] Cadar C, Sen K. Symbolic execution for software testing: Three decades later[J]. Communications of the ACM, 2013, 56(2): 82-90.

[24] Shoshitaishvili Y, Wang R, Hauser C, et al. Firmalice-automatic detection of authentication bypass vulnerabilities in binary firmware[C]//NDSS, 2015, 1: 1-8.

[25] Stephens N, Grosen J, Salls C, et al. Driller: Augmenting fuzzing through selective symbolic execution[C]//NDSS, 2016, 16: 1-16.

[26] Feist J, Mounier L, Potet M L. Statically detecting use after free on binary code[J]. Journal of Computer Virology and Hacking Techniques, 2014, 10(3): 211-217.

[27] Zalewski M. AFL: Efficient fuzzing at scale[C]//Proceedings of the 2016 IEEE Symposium on Security and Privacy, San Jose, 2016: 200-214.

[28] Xu W, Moon H, Kashyap S, et al. Fuzzing file systems via two-dimensional input space exploration[C]//2019 IEEE Symposium on Security and Privacy (SP), San Francisco, 2019: 818-834.

[29] Godefroid P, Levin M Y, Molnar D. SAGE: Whitebox fuzzing for security testing[J]. Communications of the ACM, 2012, 55(3): 40-44.

[30] Cadar C, Ganesh V, Pawlowski P M, et al. EXE: Automatically generating inputs of death[J]. ACM Transactions on Information and System Security (TISSEC), 2008, 12(2): 1-38.

[31] Cadar C, Dunbar D, Engler D R. Klee: Unassisted and automatic generation of high-coverage tests for complex systems programs[C]//OSDI, San Diego, 2008, 8: 209-224.

[32] One A. Smashing the stack for fun and profit[J]. Phrack Magazine, 1996, 7(49): 14-16.

[33] Shacham H. The geometry of innocent flesh on the bone: Return-into-libc without function calls(on the x86)[C]//Proceedings of the 14th ACM Conference on Computer and Communications Security, Alexandria, 2007: 552-561.

[34] Sun H M, Lin Y H, Wu M F. API monitoring system for defeating worms and exploits in MS-Windows system[C]//Australasian Conference on Information Security and Privacy, Heidelberg, 2006: 159-170.

第3章 基于神经网络的隐秘精准型恶意代码

人工智能驱动下的自动化攻击是当前的热门话题之一。黑客正在改进他们的武器，将人工智能技术引入攻击战术、技术和策略中，实现网络攻击自动化。2017年，网络安全公司 Cylance 调查发现，62%的信息安全专家认为黑客未来会利用人工智能技术赋能网络攻击[1]。

如表 3-1 所示，参考恶意代码实施攻击的完整生命周期，在不同的攻击阶段，攻击者可能采取不同的措施增强恶意代码的抗检测性、隐秘性、生存性、在未知攻击环境中的容错性以及精准打击能力等。据此，本书将人工智能在这些方面的赋能作用进行了分类，对应具有不同赋能点的恶意代码分别称为静态对抗型恶意代码、动态对抗型恶意代码、鱼叉式钓鱼软件、智能僵尸网络、智能蜂群网络以及隐秘精准型恶意代码。其中，隐秘精准型恶意代码是搭载智能僵尸网络实现智能蜂群网络由概念向实践演化的关键，也是当前愈演愈烈的高级可持续威胁（advanced persistent threat，APT）攻击[2]实现精准环境感知的关键。由于当前相关的研究体系尚未形成，因此，本书在阐述人工智能对不同类型恶意代码的赋能作用之后，首次对隐秘精准型恶意代码进行了体系化研究。

表 3-1　人工智能对不同类型恶意代码的赋能概览

赋能类型	赋能点	文献	技术特点
静态对抗型恶意代码	取代人工，自动为重要特征加权	[3]	基于攻击神经网络的前向导数算法
		[4]	替代检测器拟合黑盒检测系统
		[5]	不相关的程序接口序列插入
		[6]	字节粒度的梯度下降算法
		[7]	深度强化学习算法做预测与策略评估
动态对抗型恶意代码	通过模仿良性流量实现对自身恶意行为的伪装	[8]	恶意代码是真实的且可以在网络中执行真实的恶意代码操作；对恶意代码的拦截是真实的
		[9]	对入侵检测系统在抵抗对抗攻击时的健壮性提出疑问
		[10]	数据不平衡问题，即缺少网络攻击流量
		[11]	可用的数据集通常已过时或存在其他缺点；对于基于网络的入侵检测，很少公开提供带有标签的数据集
		[12]	现有的流量变形/隧道技术表现出强大的流量模式且缺乏动态性，因此很可能被识别

续表

赋能类型	赋能点	文献	技术特点
鱼叉式钓鱼软件	助力生成用户行为或兴趣导向的、具有连贯性和少量语法错误的钓鱼内容	[13]	基于自然语言生成(natural language generation，NLG)技术伪装高价值用户的电子邮件
		[14]	基于循环神经网络(recurrent neural network，RNN)的 NLG 技术合成电子邮件
		[15]	面向 Twitter 社交网站的钓鱼帖子生成
智能僵尸网络	更健壮、更强容错能力的命令与控制；集群智能	[16]	采用蚁群算法进行组网，实现命令与控制(command & control，C2)的最优传播
		[17]	不存在 C2 信道，基于 RNN 的自主决策模型
智能蜂群网络	集群智能、自主决策	[18]	概念阶段，去中心化，基于集群智能的情况共享、自主决策，搭载对攻击目标的精准识别
隐秘精准型恶意代码	自主决策	[19]～[22]	实现对攻击目标、攻击载荷和高价值攻击载荷的三层隐藏

3.1　人工智能赋能恶意代码概述

3.1.1　静态对抗型恶意代码

随着反病毒引擎[23]在恶意代码变种检测能力上的迭代增强，恶意代码开发人员开始尝试利用人工智能技术生成难以检测的对抗型恶意代码。人工智能的优势在于：①人工智能技术会自动学习重要特征，不需要人工选择特征；②对于恶意代码中某些潜在关键特征的增加或删除，人工智能技术可以通过自主学习实现自适应，有利于实现可自主伸缩的恶意代码查杀对抗能力。

2016 年，Grosse 等[3]基于前向导数算法生成具有对抗性的恶意代码示例，以对抗深度神经网络(deep neural network，DNN)的查杀。实验证明，该方法对恶意代码实现了 85%的误分类率，验证了基于对抗样本生成的恶意代码攻击的可行性。2017 年，Hu 和 Tan[4]基于生成对抗网络(generative adversarial network，GAN)提出了 MalGAN 模型来生成对抗型恶意代码，以绕过黑盒检测系统。实验结果表明，MalGAN 能够将检测率降低到接近零，并使基于再训练的防御性方法难以对抗此类攻击；2018 年，Hu 和 Tan[6]将深度学习中的 RNN 与 GAN 相结合，在原始恶意代码的 API 序列中插入一些不相关的 API，生成基于顺序的对抗型恶意代码，可有效对抗多种不同 RNN 结构的模拟反病毒引擎。2018 年，Kolosnjaji 等[24]首次在字节粒度上提出在恶意代码末尾填充字节的方式来生成对抗型恶意代码，并基于梯度下降算法指导决定要填充的字节，其测试准确率高达 92.83%，并在实际对抗基于字节粒度的检测系统 MalConv 时获得了 60%的成功率；同年，Anderson 等[7]利用深度强化学习网络(deep reinforcement-learning network，DRN)，提出了一种基于对抗样本生成的黑盒攻击方法，用于攻击静态预安装环境（preinstallation environment，PE）反杀毒引擎，这是当前第一个可以产生对抗型 PE 恶意代码的工作，在模拟现实的攻击中达到了 90%的成功率。

3.1.2　动态对抗型恶意代码

为了增强恶意代码攻击过程中的隐蔽性，攻击者尝试在远程控制与命令阶段以及在恶意代码的攻击活动中使用人工智能技术进行赋能，即通过模仿或伪装成良性流量来躲避动态检测，主要表现为基于 GAN 的流量模仿。

2018 年，Rigaki 和 Garcia[8]使用 GAN 来学习模仿 Facebook 聊天流量，通过修改恶意软件的源代码从 GAN 接收参数，通过参数的反馈，可以调整其 C2 信道上基于流量的通信行为，以使其不会被阻止，实验结果表明，这种流量模仿的攻击方法可以成功绕过 Stratosphere IPS（一款开源网络入侵检测软件）。2018 年，Lin 等[9]提出了一种用于入侵检测攻击生成的生成对抗网络（generative adversarial networks for attack generation against intrusion detection systems，IDSGAN），用于在流量维度上针对入侵检测系统进行黑盒对抗性攻击，IDSGAN 由生成器、鉴别器和黑盒入侵检测系统组成。实验表明，IDSGAN 仅通过修改攻击流量的部分非功能性特征，就可使各种黑盒入侵检测系统模型的检测率降低到接近 0，提高了入侵的有效性。

此外，由于人工智能技术应用的可迁移性，本章对另外两类不以恶意攻击为目的，但同属于流量模仿的研究工作进行了介绍，以启发攻防对抗的研究思路。

第一类关注数据集缺乏问题。2019 年 Lee 等[10]提出一种带有梯度惩罚的 Wasserstein 生成对抗网络（Wasserstein GAN with gradient penalty，WGAN-GP），该方法是一种基于图像生成攻击流量的方法，专注攻防对抗中数据量非常少的恶意流量，使用 WGAN-GP 模型来增加攻击级别的流量训练数据，通过解决数据集不平衡问题，来实现增强的模型学习和分类。同年，Ring 等[11]提出使用 GAN 生成逼真的基于流的网络流量，其中既包含正常的用户行为流量，也包含恶意攻击流量，并且实验证明他们提出的方法可以生成高质量的数据。

另一类关注实现以匿名通信为目的的流量伪装，该类流量伪装与实现恶意攻击、逃避检测等目的不同，主要是为了保护通信中的私密信息。2019 年 Li 等[12]提出了一种称为 FlowGAN 的动态流量伪装技术，它包括 GAN 生成器、网络流生成器、本地代理服务器和远程代理服务器。FlowGAN 的核心思想是通过提供源（或审查）流和目标流，自动提取目标流的流量特征，并基于这些特征将源流变形为目标流的形式。基于这一核心思想，匿名通信的流量便可被伪装变形为可规避互联网审查的流量，而且实验结果表明，FlowGAN 在流量伪装方面具有不可区分性和延迟小的特性。

综上所述，基于 GAN 的流量模仿是一个新型的赋能领域，人工智能在该领域中实现的赋能效应是对恶意代码攻击隐蔽性的增强。当前，以攻击者视角在该领域中开展的理论研究仍相对较少，并且该类攻击技术在实际攻击中尚未得到应用，但在基于 GAN 的流量模仿这一攻击理论被提出后，安全研究人员对如何开发新的检测方法尚无明确的想法。因此，尽管基于 GAN 的流量模仿是一项新型的攻击预测研究，安全防御人员仍需要加快研究步伐，争取在应用流量模仿的实际攻击造成危害之前，能够提前部署可对抗攻击的防御设施。

3.1.3　鱼叉式钓鱼软件

鱼叉式钓鱼软件是 APT 攻击[2]中最有效的手段。在该类恶意代码的开发中，深度学习的赋能效应体现为恶意代码投递能力的提升，尤其是基于 NLG 的自动化网络鱼叉式钓鱼软件正在不断发展，可实现恶意代码投递的自动化、规模化。

2017 年，Baki 等[13]设计了一种使用 NLG 技术的可扩展方案来开展电子邮件伪装的鱼叉式钓鱼攻击，并且他们针对两个知名人物(Hillary Clinton 和 Sarah Palin，分别简称为 HC 和 SP)验证了鱼叉式钓鱼攻击的效果，攻击结果显示，对 HC 的电子邮件进行的鱼叉式钓鱼攻击欺骗了 34%的人，对 SP 的攻击欺骗了 71%的人。2019 年，Das 和 Verma[14]使用基于 RNN 的 NLG 技术，通过在训练过程中注入恶意意图(如欺骗性的网页链接或超链接)，并在合成电子邮件中生成恶意内容，从而实现了一个进行高级电子邮件伪装攻击的 RNN 原型系统，该系统的训练依赖于两个数据集：一个是合法电子邮件数据集，主要从真实个人的发件箱和收件箱中提取；另一个是网络钓鱼邮件数据集，由个人收集的 197 封网络钓鱼电子邮件，以及 Jose Nazario 网络钓鱼语料库中的 3392 封网络钓鱼电子邮件组成。最终通过评估实验证明，对比 Baki 等使用的引擎，RNN 生成的伪电子邮件具有更好的连贯性和更少的语法错误，能更好地实施网络钓鱼电子邮件攻击。

此外，以 Twitter 为代表的社交网站允许访问大量的个人数据，有利于钓鱼攻击者探索感兴趣的攻击目标；而这些社交网站又具有对机器友好的 API、通俗易懂的语法以及普遍存在的缩址链接(也称为短链接)，因此成为恶意代码传播的理想场所。Seymour 和 Tully 在 2016 年 Black Hat 大会上提出基于 Twitter 自动化的端到端鱼叉式网络钓鱼，实现了第一个可以针对高价值用户生成网络钓鱼帖子的生成器——具备侦查功能的社交网络自动化钓鱼攻击(social network automated phishing with reconnaissance，SNAP_R)[15]。SNAP_R 基于长短期记忆(long short-term memory，LSTM)神经网络模型实现，使用鱼叉式网络钓鱼渗透测试数据进行训练。一方面，为了使点击率更高，SNAP_R 会动态植入从目标用户以及他们转发或关注用户的时间轴帖子中提取的主题；另一方面，SNAP_R 通过聚类来扩展模型，它根据用户的整体数据对用户进行分类，以确定高价值目标用户。最后，实验证明该方法成功率很高(30%~60%)，相较于传统电子邮件攻击的准确性(5%~14%)有大幅提升，并一度胜过了人工执行相同任务的人员的准确性(约为 45%)。

3.1.4 智能僵尸网络

2014 年，Castiglione 等提出一种利用集群智能技术的僵尸网络命令与控制信道方法[25]。该方法采用一种自组织模式——多智能体系统(multi-agent system)中的共识主动性(stigmergic)通信模式，这种模式可以在无控制的情况下产生复杂且看似智能的结构，以确保独立的节点之间可以进行自发协作、共享信息。同时，该方法采用蚁群优化(ant colony optimization，ACO)算法进行组网，可根据动态生成度约束最小生成树来构建多个短程跳跃路径，从而将控制命令最优地传播到其他节点。这种命令与控制信道模式本质上也是一种对等(peer-to-peer，P2P)结构，其实验评估显示该方法能够动态适应不断变化的网络条件，极大地增强了命令与控制信道的容错性、健壮性、可扩展性和生存性。

Danziger 和 Henriques 提出一种智能僵尸网络设计理论模型[16]。其主要思路是创建一个基于机器学习(machine learning)的智能僵尸(intelligent botnets)程序，通过对环境的判断进行自主决策，从而完成预设的攻击任务。智能僵尸程序基于多智能体系统，由一组智能体(agent)组成，一组智能体根据功能可分为四种类型。

(1)主控体(super agent)是该组智能体的核心，是"智能"的集中所在。主控体具有基于强化学习(reinforcement learning)的决策模型，可根据汇总的攻击面信息及环境信息进行有助于使命达成的决策。

(2)探测体(recon agent)主要用于探测其所在环境信息(如操作系统、开放端口等)。

(3)防御体(defense agent)主要用于保护智能体不被攻击与发现。

(4)攻击体(attack agent)主要用于漏洞利用、网络欺骗等攻击行为。

组内的智能体相互协作，形成一个小型的中心化僵尸网络，其行为由主控体控制，各智能体可与主控体直接通信，并为其提供帮助决策的信息。该模型的主要特点是不存在命令与控制信道，智能僵尸程序的行为完全自主决策与执行，整个僵尸网络具有自组织特性，不仅能够避免基于 C2 通信行为的安全检测，同时可消除被追踪溯源的隐患。

当前主流的僵尸网络构建思路仍然面临一些挑战，一方面，僵尸网络的命令控制协议难以同时满足穿透性、隐秘性、健壮性、双向性、防溯源等核心安全属性。例如，中心结构的因特网中继聊天(Internet relay chat，IRC)/超文本传输协议(hyper text transfer protocol，HTTP)僵尸网络必然存在单点失效问题，健壮性较差；P2P 僵尸网络必然存在难以监测、控制信息高延迟、穿透性差等问题。另一方面，当前的僵尸网络主要用于分布式拒绝服务(distributed denial of service，DDoS)攻击、垃圾邮件分发、加密货币挖矿和劫持、加密勒索等，尚不能支撑自动化攻击、智能精准打击、自主决策攻击等智能攻击形式，在僵尸网络的设计中仅考虑对基本功能的实现，缺乏对智能化攻击需求的支持。

3.1.5　智能蜂群网络

2017 年，Fortinet 安全公司的专家德里克·曼奇(Derek Manky)提出了智能蜂群网络(Hivenet)。德里克·曼奇预测僵尸网络将在未来演变成蜂群网络并阐述了其特点，总结如下。

(1)蜂群网络采用去中心化结构，与传统 P2P 僵尸网络结构相同，蜂群网络中不存在超级节点，单个节点的失效不影响网络的正常运转。

(2)蜂群网络利用集群智能(swarm intelligence)技术实现自组织特性，通过节点与局部环境交互完成情报共享、自主决策。这种自组织特性最重要的体现在于，传统僵尸网络中的命令与控制信道将在蜂群网络中被完全移除，消除人在整个攻击链中的控制作用，攻击目标的锁定和攻击任务的执行由群体自主决策。

(3)蜂群网络中的僵尸程序将搭载自动化攻击工具及先进的人工智能技术(如人脸识别、声纹识别等)，为攻击任务提供有力的支撑。

值得关注的是，DARPA 于 2017 年 6 月启动了一项与 Hivenet 紧密相关的计划——利用自主性对抗网络对手系统(harnessing autonomy for countering cyberadversary systems，HACCS)。该计划将网络空间中脆弱的和已被恶意控制的节点集合统称为"灰色地带"(gray space)。灰色地带的节点可能表现为僵尸程序、远控木马、后门、跳板等形态，可能被多个攻击者利用。灰色地带给网络空间安全带来诸多不稳定因素。HACCS 的目标是在 IPv4 网络空间内，发现灰色地带节点，并利用 n-day 漏洞投递自治代理(autonomous agent，AA)，然后由 AA 在内网自动化识别被感染的设备、渗透被感染设备并清除其上的恶意代码，从而防止灰色地带被攻击者恶意利用(如作为跳板、发起 DDoS 攻击、信息窃取、挖矿劫持)。

3.1.6　隐秘精准型恶意代码

勒索即服务的出现使 APT 定向攻击门槛降低，导致锚定高价值攻击目标的 APT 活动泛滥。在 APT 攻击中，恶意代码多带有对抗性，它们利用防御规避技术躲避检测。当前比较流行的防御规避技术已从禁用安全软件、混淆、加密等手段发展为更高级的环境感知技术。参考对抗策略、技术和常见知识(adversarial tactics, techniques, and common knowledge，ATT&CK)网络威胁框架[17]，当前主流的环境感知技术包含沙箱规避(sandbox evasion)技术和环境键控(environment-keying)技术。

沙箱规避是指恶意代码识别沙箱/虚拟机分析环境进而中断执行的一种攻击技术[18,19]。针对沙箱规避的攻防对抗研究已趋于成熟，例如，用于构造更加真实的主机环境的 Barebox[20,21]技术成为高级、有效的防御手段；且即使无法对抗高级的沙箱规避，防御者也可通过弹性、异构的防御环境来隐藏真实的高价值攻击目标。本书重点研究环境键控技术。

环境键控技术指恶意代码基于目标环境信息导出加/解密密钥(称为"环境密钥")，使用密码学技术来限制自身的执行或操作，对攻击目标实现精准识别与打击(accurate identification and impact)，对非攻击目标则实现攻击意图隐藏(attack intention concealment)，其中攻击意图是指攻击目标和攻击行为，由攻击载荷携带。

该技术最早在 1998 年被詹姆斯·里奥丹(James Riordan)和布鲁斯·施奈尔(Bruce Schneier)提出，但由于未引发严重的安全威胁，该技术一直未引起关注。直到 2012 年，Gauss 恶意代码通过引入环境键控技术实施定向攻击，此后该恶意代码虽被分析者捕获，但其携带的攻击意图至今尚未被完全破解。2016 年的方程式组织(Equation)、2018 年的 InvisiMole 组织、2019 年的 APT41 和 FIN7 组织也相继在其恶意代码中引入环境键控技术；2018 年的 Black Hat 大会上，Kirat 等[22]首次提出利用人工智能技术实现一种新型的环境键控型恶意代码 DeepLocker，使其具有区别于传统环境键控技术的泛化一致性(即对同一类用于标识攻击目标的目标特征输出完全一致的结果)；2020 年，该技术被 ATT&CK 收录，位于恶意代码攻击全生命周期中的防御规避阶段，可见该技术正逐渐成为攻击者隐藏其攻击意图的有力手段。在攻击意图被破解之前，攻击者可以基于不同的攻击目标生成不同的环境密钥，加密同一种攻击意图却能够生成不同的攻击载荷，进而实现对一种攻击意图的持续利用，有效降低了攻击成本，但对防御者和普通用户而言，却将带来极大的安全威胁。

基于环境键控技术构建的恶意代码可直接称为环境键控型恶意代码(environment-keying malware，EKM)。本书中，笔者为了更好地体现精准识别和意图隐藏的效果，又将这类恶意代码称为隐秘精准型恶意代码(stealth & precise malware，S&PM)。其中，精准识别用于在某个组织或网络中实现对高价值攻击目标和其余低价值节点的精准鉴别；意图隐藏建立在精准识别的基础之上，体现为在高价值节点上的攻击行为，以及在其余低价值节点上保持隐秘的能力。有效保持隐秘的能力又可以概括为即使恶意代码被捕获，攻击者也无法借助逆向分析等手段来破解恶意代码对标的攻击目标或攻击目标类，以及其携带的攻击行为。

3.2　隐秘精准型恶意代码建模

3.2.1　概念描述

如表 3-2 所示，为了更方便描述，本节首先对书中的一些常用术语进行定义和说明。

表 3-2　术语说明表

术语	类型	说明	所属关系
iTotalSpace	集合	特征空间，是恶意软件 S&PM 的输入空间	iTotalSpace = iTrueSpace $\bigcup$ iFalseSpace
iTrueSpace	集合	目标特征空间，用于表征攻击目标	iTrueSpace $\subsetneqq$ iTotalSpace
iFalseSpace	集合	非目标特征空间，用于表征非攻击目标	iFalseSpace $\subsetneqq$ iTotalSpace
t_i	实例	目标特征实例，如一张图片、一个文件等	$(t_i \in$ iTrueSpace$) \bigcap (t_i \notin$ iFalseSpace$)$
f_i	实例	非目标特征实例	$(f_i \notin$ iTrueSpace$) \bigcap (f_i \in$ iFalseSpace$)$
cKey	集合	候选密钥空间	cKey = {key, err}
key	实例	具有唯一性	key $\in$ cKey, (key $\neq$ err)or(key $\notin$ err)
err	实例/集合	不保证唯一性	err $\in$ cKey, (key $\neq$ err)or(key $\notin$ err)
Encryptor	函数	加密函数	—
Decryptor	函数	解密函数	—
iPlain	应用程序	明文、可执行攻击载荷	iCipher = Encryptor(iPlain, key)
iCipher	代码段	密文、不可执行的二进制攻击载荷	iPlain = Decryptor(iCipher, key)
None	集合	特征空间，是恶意软件 S&PM 的输入空间	None = Decryptor(iCipher, err)

恶意意图由攻击载荷携带，用于阐明攻击载荷的攻击目标、攻击技术、攻击行为和攻击目的。常见的恶意意图包括情报窃取、数据加密、硬盘擦除和数据粉碎。

3.2.2　模型定义

S&PM：由六元组构成，反映的是在保证"精准识别"和"意图隐藏"核心功能的基础上，预期可对特定攻击目标实施精准打击的一款可执行软件。记为

S&PM ＝（iTotalSpace, iKeyGen, iCipher, iKeyDis, iBenCode, iProperty），具体说明如下。

iTotalSpace：是 S&PM 的输入空间，表征 S&PM 试图查找攻击目标的范围大小，反映了定位攻击目标的难度，即 iTotalSpace 的规模越大，攻击目标被发现的可能性就越小。

iKeyGen：候选密钥生成器。它的核心功能总结为：①能够识别输入而不透露输入信息；②能够转化输入为候选密钥，具体如映射矩阵（mapping matrix）所示，据此，下文我们定义了一系列评估指标用于衡量 iKeyGen 的性能；③候选密钥传递器，直接将候选密钥传递给 iKeyDis，而不暴露 key 的信息。

iCipher：表示为不可执行的二进制代码，也称为密文攻击载荷，其携带了不可破解的恶意攻击意图，是 S&PM 要保护的核心对象，最终在目标主机上将表现为实施精准打击后的攻击行为。

iKeyDis：候选密钥鉴别器。其核心功能概括为：①密钥判断机制，能够判断候选密钥是否为 key 或者是否可用于解密，无须提供与 key 相关的知识；②对 iCipher 执行解密而不暴露 key 的信息。注：根据不同应用场景的不同需求，密钥判断机制存在区别，甚至可以不使用，因此记为 iKeyDis＝（keyJudger, Decryptor）或 iKeyDis＝（Decryptor）。

iBenCode：是良性代码的缩写，它是一种非加密、可执行的良性应用程序。S&PM 是一种基于 iBenCode 的良性伪装。

iProperty：不可破解的安全属性，是 S&PM 的内在属性。S&PM 通过集成"精准识别"与"意图隐藏"功能，从而实现了两种对抗能力。即，对抗能力 1，可以对抗安全专家的逆向工程（高级静态分析[9]）；对抗能力 2，可以抵抗动态行为分析，可以防止攻击意图暴露。下面我们将为 iProperty 建立更为体系化的多维分析，旨在助力对 S&PM 的风险量化。

3.2.3　模型架构

如图 3-1 所示，本书形象化了 S&PM 的六元组表示，提供了 S&PM 的通用模型架构，以指导 S&PM 的 PoC 设计与实现。该模型架构遵循两个关键过程来保证对"精准识别"和"意图隐藏"功能/效果的实现。

1）意图隐藏过程

意图隐藏简单来说是在恶意代码构建过程中实现对攻击载荷的加密，使加密后的攻击载荷在到达并攻击预先定义的受害者之前几乎无法被检测到，即使被检测到也无法破解其携带的恶意意图。因此，该过程仅发生在攻击者一侧，防御者对此无感知。具体如算法 3-1 所示，该过程接收 t 和 iPlain 为输入，iCipher 为输出。首先，iKeyGen 实现了将目标输入转化为 key 的功能；然后，攻击者使用 Encryptor 接收 key 为输入，将 iPlain 加密获取 iCipher，由此便完成了意图隐藏过程。后续 iCipher 将作为核心组件用于 S&PM 实例的构建，该构建过程与常规恶意代码的构建并不存在区别，本项工作将不进行详细阐述。

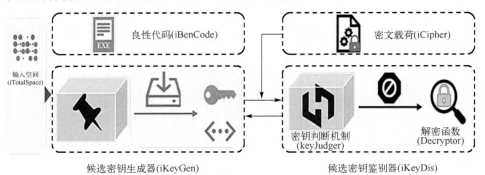

图 3-1　　S&PM 的模型架构

算法 3-1　　恶意意图隐藏过程算法

输入：由攻击者指定的目标样本 t；明文载荷 iPlain

输出：密文载荷 iCipher

1. 密钥生成器接收 t 为输入，生成密钥 key；
2. 加密器接收 iPlain 和 key 为输入，生成密文载荷 iCipher；
3. 返回密文载荷 iCipher。

2) 意图解锁过程

与意图隐藏过程相对应，意图解锁过程即在特定条件下实现对密文攻击载荷的解密，否则不解密。这里的特定条件是指当且仅当攻击者投递的 S&PM 实现了对攻击目标的精准感知。具体如算法 3-2 所示，该过程接收每一个特征实例（t 或者 f）为输入，输出 iPlain 或 None。

算法 3-2　恶意意图解锁过程算法

输入：初始解锁模块的候选样本集合，$\text{iTotalSpace}^* = \{i_0, i_1, \cdots, i_{m+n-1}\} \in \text{iTotalSpace}$

输出：若 $i \in \text{iTrueSpace}$，则输出明文载荷 iPlain；若 $i \in \text{iFalseSpace}$，则输出明文载荷 None

1. 若 $q \leqslant m+n-1$，则执行第 2 步；
2. 若 $i_q \in \text{iTrueSpace}$，则执行第 3 步；否则执行第 6 步；
3. 密钥生成器接收 i_q 为输入，生成密钥 key；
4. 密钥鉴别器接收 iCipher 和 key 为输入，生成明文载荷 iPlain；

5.　返回明文载荷 iPlain，执行第 9 步；

6.　若 $i_q \in$ iFalseSpace，则执行第 7 步；否则执行第 9 步；

7.　密钥生成器接收 i_q 为输入，生成非密钥 err；

8.　密钥鉴别器接收 iCipher 和 err 为输入，生成 None，即无输出；

9.　重新执行第 1 步。

　　当输入为目标特征实例（即 $i=t$）时，iKeyGen 和 iKeyDis 通过准确识别目标、生成密钥、传递密钥、鉴别密钥、解密 iCipher 等操作获取 iPlain。之后，S&PM 在目标主机上释放 iPlain 并进行精确打击。

　　当输入是非目标特征实例（即 $i=f$）时，iKeyGen 输出 err 并将其传递给 iKeyDis。iKeyDis 中的密钥判断机制（keyJudger）会判别 err 不是 key，然后输出 None。此时，S&PM 在当前主机上保持意图隐藏状态。

　　注：（1）算法 3-2 中的 iTotalSpace* 是 iTotalSpace 的子集，m 和 n 分别代表 iTrueSpace 和 iFalseSpace 空间大小。若被投递主机上的特征空间大小是固定的，则 $m+n$ 反映了 S&PM 被攻击者投递和分发的范围。

　　（2）目标主机上有限的输入空间不会影响 S&PM 的 iProperty，我们将在下文通过相关指标进行详细描述。

3.2.4　黑盒特性

　　为了满足 S&PM 的 iProperty 安全属性，本书总结了 iKeyGen 和 iKeyDis 的设计中应满足的黑盒特性（black box characteristics，BBC）。

　　（1）黑盒特性 I（BBC-I）。令 H 表示黑盒模型，t 为其输入，key 为其输出，则黑盒特性总结为：①t 的知识不可知；②key 的知识不可知；③key 是 t 在一定函数关系基础上的输出，在满足①、②条件的基础上，关系是否线性，或是否透明，或是否提供知识都不被关心。

　　（2）黑盒特性 II（BBC-II）。令 H 表示黑盒模型，key 为其输入，M 为其输出。M 是 key 在一定函数关系基础上的输出，则黑盒特性总结为：①key 的知识不可知；②M 的知识不提供 key 的知识。

　　注：以上黑盒特性是从防御者视角定义的，因此"知识不可知"对防御者有效，而对攻击者无效。

　　iKeyGen 遵循黑盒特性 I 进行设计，iKeyDis 则根据黑盒特性 II 进行设计。其中，在 iKeyDis 中，Decryptor 默认使用的高级加密标准（advanced encryption standard，AES）算法天然地具有黑盒特性 II，因此只需要对 keyJudger 进行设计。

3.3　隐秘精准型恶意代码案例分析

隐秘精准型恶意代码的增强实现方案已经应用在真实攻击活动中(详见 3.3.1 节和 3.3.2 节);此外,在人工智能技术的助力下,恶意代码通过内嵌深度神经网络模型,可实现在代码开源的前提下确保攻击目标、攻击意图、高价值载荷三者依然高度机密,从而大幅提升了攻击隐蔽性(详见 3.3.3 节)。本节通过分析隐秘精准型恶意代码实现的三个案例,帮助读者建立对隐藏攻击目标、隐藏攻击意图以及隐藏高价值攻击载荷的直观认识。

3.3.1　现实世界的案例——BIOLOAD

2019 年 12 月 26 日,网络安全公司 Fortinet 发布报告称,发现名为 BIOLOAD 的恶意软件,该恶意软件已被国际网络犯罪组织 FIN7 用作 Carbanak 后门释放器的新变种。BIOLOAD 是根据每台受感染计算机的名称量身定制的。如图 3-2 所示,作为加载程序,BIOLOAD 嵌入了一个加密的有效载荷,并动态嵌入了一个 16B 的密钥。这个密钥是用计算机名的循环冗余 32 位校验(cyclic redundancy check 32,CRC32)和作为种子生成的,部分密钥被密钥上的 MurmurHash3 的结果覆盖。

```
1 _itow(CRC32(_wdupenv_s(COMPUTERNAME)))+"-"+
2 _itow(CRC32(_wdupenv_s(PROCESSOR_IDENTIFIER)))+"-"+
3 _itow(CRC32(_wdupenv_s(USERNAME)))+"-"+
4 _itow(CRC32(_wdupenv_s(PATHEXT)))+"-"+
```

图 3-2　BIOLOAD 的密钥生成代码

当 BIOLOAD 到达目标受害主机时,它需要依靠计算机名来获取正确的解密密钥,然后通过异或运算(XOR)解密释放负载,而无须访问远程服务器。因此,基于计算机名和哈希的不可逆特性,BIOLOAD 实现了对攻击目标的准确感知和攻击意图的隐藏,这会阻碍沙箱的检测,并在相关上下文缺失时阻止研究人员分析有效载荷。作为一个实际的攻击案例,BIOLOAD 证明了 S&PM 可以作为一种新颖的先进技术在现实世界的应用程序中发起攻击。

3.3.2　现实世界的案例——Gauss

Gauss 是 2011～2012 年开发的恶意代码,主要在中东传播。其中,伊朗记录的感染数量最多,是一种比 Flame 等其他同时代恶意代码更具广泛性的威胁。

为了同时确保"精准识别"和"意图隐藏"这两个目标，攻击者精心设计了密钥生成机制。首先，Gauss 会收集目标计算机的特定配置数据，包括某些目录、程序文件夹和其他本地数据，然后将它们的文件(夹)名与"Windows Program Files 文件夹中每个子文件夹名"一个接一个地连接起来，生成一个长字符串。之后，Gauss 会让字符串与一个特殊的值相加，用第 5 代信息摘要算法(message-digest algorithm 5，MD5)运行 10000 轮，每一轮的结果作为下一轮的初值。只有最终生成的哈希值与预定的目标值相等，Gauss 才会执行下一步动作。

算出满足条件的终值后，Gauss 仍然不会立即释放载荷，而会把它与另一个值相加，然后把相加结果作为初始值再次进行 10000 轮哈希运算。这样得到的运算结果，才是解密攻击载荷的密钥。解密完成后，Gauss 会用同样的配置数据生成同样的长字符串，令其与另一个特殊值相加，通过运算生成第二部分代码的解密密钥，然后再次重复这一动作，生成第三部分代码的解密密钥。

与 Gauss 相比，震网蠕虫的解密密钥是放在恶意文件内部的，其在反破解方面不堪一击。而 Gauss 恶意软件所具有的加密机制，相当于给攻击载荷装了一层"金钟罩"，要想解密出 Gauss 的攻击载荷，必须根据目标计算机配置数据，动态生成解密密钥，否则分析者难以将其破解。

实际上，尽管卡巴斯基曾对 Gauss 解密密钥中的配置信息实施数百万次暴力配对，但仍然没能算出正确的密钥。进而，我们在迄今为止看到的模块中没有发现自我复制功能，这使其原始攻击向量的问题悬而未决，所以也不能排除 Gauss 恶意软件可能还有着像震网、清除者那样的破坏力或其他的敏感功能。

3.3.3　实验室里的案例——DeepLocker

2018 年 8 月，IBM 研究院在 Black Hat USA 2018 大会上展示了一种人工智能动力恶意软件——DeepLocker(图 3-3)，借助人工智能技术实现目标识别精准性和攻击载荷机密性。

(1)目标识别精准性：基于目标的人脸、语音和行为模式等特征精准识别。

(2)攻击载荷机密性：只有目标出现才能产生密钥，进而解密攻击载荷，可有效对抗人工逆向分析。

目标识别：DeepLocker 基于 DNN 来识别目标，当目标出现时，会根据目标的人脸、声音、用户行为、传感器、地理位置、物理环境、软件环境等信息构造特征向量，作为 DNN 的输入，动态生成密钥，解密攻击载荷，密钥不会硬编码携带，携带的是密文。以图 3-3(b)所示的场景为例，DeepLocker 使用 AlexNet 多分类模型来实现高维人脸特征向量的提取，并在 AlexNet 的输出层建立了分桶机制，从而可以实现对一类人脸图片输出相同的密钥。

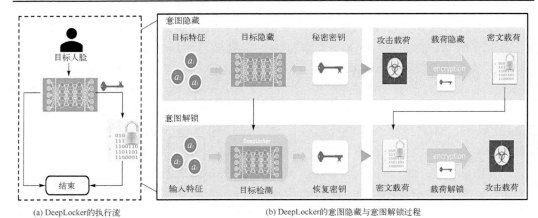

图 3-3　　DeepLocker 的执行流程及其意图隐藏和意图解锁操作

　　加锁与解锁：攻击者在制作恶意代码时，须先利用目标的特征属性生成密钥，用这个密钥加密攻击载荷，将预先训练好的 DNN 模型和加密后的攻击载荷硬编码到恶意代码中，实现攻击载荷的加锁与隐藏。恶意代码投递至受害主机后，会利用内嵌的 DNN 模型感知目标环境，当感知到符合解锁条件的目标时，基于目标生成的特征向量作为密钥(隐藏层的某一层)，进而解密攻击载荷执行。以人脸为例，当系统检测到人脸时，根据面部特征生成高维人脸特征，将特征转化为密钥，如果密钥正确，说明人脸符合目标属性，恶意代码会解锁攻击载荷。因为只有遇到了目标才会解锁，因此，防御者即使掌握了 DNN 源码，也无法构造适当的样本作为有效输入。

　　因此，DeepLocker 实现了对攻击目标类、攻击目标实例和攻击意图的三层隐藏。发布后的恶意软件，由于不携带任何有关攻击目标和攻击意图的明文信息，因此恶意软件本身并不知道其攻击目标和攻击意图。当且仅当释放的恶意软件到达目标主机时，恶意软件中的人工智能模型会根据目标主机的特征生成密钥，用于解密密文的攻击载荷。

　　值得一提的是，区别于 BIOLOAD 和 Gauss 恶意软件仅能针对具有唯一性目标特征实例的同构攻击目标进行恶意软件的定制和实施，DeepLocker 可以对一类异构攻击目标进行相同的定制和实施，本节将这种能力称为"泛化一致性"(generalization consistency)。泛化一致性进一步扩大了攻击场景，甚至通过对未知目标样本的泛化能力直接实现了对未知攻击场景的适配。以特定人物的人脸图像作为目标特征为例，理论上，不论目标人物处于何种背景中，DeepLocker 借助人工智能模型成功捕获不同背景下的目标人脸图像，均可实现精准攻击。因此，必须建立对应的研究体系。

3.4　人工智能对隐秘精准型恶意代码的赋能作用

在人工智能领域，尽管人工智能技术可以划分为机器学习、深度学习或者增强学习等多种技术，但这些技术均可用于实现精准的目标识别，对 S&PM 的赋能作用是相对一致的。因此，本节以 DeepLocker 中使用的 DNN 模型作为人工智能领域的代表性技术来阐述人工智能对 S&PM 的赋能作用。

3.4.1　人工智能赋能的核心模型

如图 3-4 所示，DeepLocker 为其自身嵌入的 DNN 模型由用于目标识别和密钥生成的两个子模型共同构成。

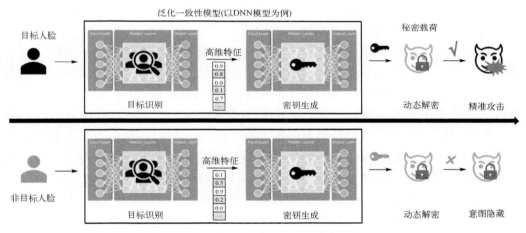

图 3-4　DeepLocker 的工作流程示意图

DeepLocker 启动运行时，DNN 模型同步启动，目标识别子模型持续接收可适配的输入图像，并对应每个输入图像均输出一个高维特征；密钥生成子模型持续接收高维特征，并对每一个高维特征输出一个候选密钥；候选密钥被用于尝试解密秘密载荷(指用环境密钥加密后的攻击载荷)。

其中，目标识别子模型侧重精准识别能力和对一类事物的泛化能力(指对新样本的适应能力)；密钥生成子模型侧重意图隐藏能力和以泛化能力为基础的一致性实现。因此，在保证 DNN 模型得到良好训练的前提下，若秘密载荷被成功解密，则代表目标人脸被精准识别，保证了对特定目标的精准攻击；反之，若秘密载荷未被成功解密，则代表 DeepLocker 位于非目标环境中，通过对攻击意图的隐藏，保证了攻击载荷的机密性。

泛化一致性模型(generalized consistency model, GCModel)是一类 DNN 模型,它集成了精准识别、意图隐藏和泛化一致性能力,是构建具有泛化一致性的安全与隐私维护系统的核心组件。

3.4.2　人工智能赋能的必要条件

基于 DeepLocker 的工作原理,本节总结了 DNN 对隐秘精准型恶意代码在精准识别、意图隐藏与泛化一致性三个层面赋能的必要条件。

首先,目标特征在输入空间具有隐秘性。暴力遍历目标特征的难度应等同甚至超出破解 AES-128 算法的难度。攻击者可以使用特定的图像、文件、视频、音频、物理和软件环境、用户操作和地理位置等作为目标特征。对此,防御者既不知道目标特征的类型,也没有有效的方法来发现特定的目标特征。进而,从正向分析的角度,攻击目标的隐藏导致无法激活正确的密钥生成。因此,攻击载荷无法被解密,防御者也无法识别其攻击意图。

其次,解密密钥在输出空间具有隐秘性,即解密密钥无法被暴力破解。用于精准识别和密钥生成的模型需要具有长密钥生成能力。长密钥的密钥强度至少为128 位,这是衡量密钥安全级别的关键临界点。DeepLocker 默认采用 AES-128 算法用于攻击载荷的加解密,其使用的密钥强度为 128 位。此时,即使 DeepLocker 被防御者捕获,防御者也无法通过分析 DeepLocker 中的 DNN 模型以获取任何信息来破解密钥。因此,暴力猜解密钥是分析者可能采取的唯一解决方案,但是当前尚不存在可行的技术能够猜测安全强度为 128 位的密钥。

最后,DNN 模型自身具备泛化一致性,即能够将一类输入映射为同一个输出。以满足目标特征和解密密钥的隐秘性为基础,若存在其他模型满足泛化一致性,则DNN 模型可使用其他模型(如卷积神经网络(convolutional neural network, CNN)、RNN)替代。从攻击预测角度,还需要考虑基于这些模型构建的恶意代码被提出后的实际可行性。当前的 DNN 模型普遍体积较大,用于构建恶意代码将带来较大的体积增量,这在恶意代码投递之初就有可能因引发异常而被阻断。因此,在针对泛化一致性环境键控类恶意代码的威胁研究中,还需要考虑轻负载的实现。

注:满足以上三个条件的其他技术模型同样可用于构建具备泛化一致性的新隐秘精准型恶意代码。

3.5　对隐秘精准性的安全度量

本节首先围绕 iProperty 建立自顶向下的多维度诠释,之后通过一组指标量化对隐秘精准性的安全评估。

3.5.1　安全属性分析

如图 3-5 所示，S&PM 的两种对抗能力（对抗能力 1 和对抗能力 2）具体表现为精准识别和意图隐藏。它们通过实施三层隐藏共同确定 S&PM 的 iProperty。

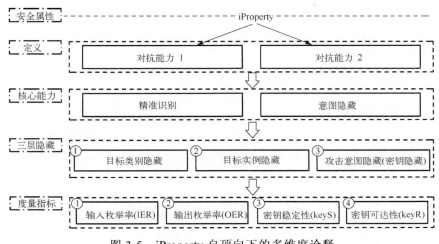

图 3-5　iProperty 自顶向下的多维度诠释

（1）精准识别。该功能助力 S&PM 感知当前主机是否为攻击目标而不透露目标特征的相关知识，从而实现了两层隐藏，即目标类别隐藏和目标实例隐藏。

①目标类别隐藏意味着防御者无法发现 S&PM 正在寻找的目标类型（如图片类、文件类等）。

②目标实例隐藏意味着即使目标类别已知，防御者也无法发现 S&PM 正在寻找的特定对象（例如，特定网络环境）。

（2）意图隐藏。此功能隐藏了有效的明文攻击载荷（即 iPlain）。具体来说，S&PM 通过将 iPlain 完全加密为 iCipher 来隐藏恶意行为。因此，攻击意图的释放取决于 iCipher 的解锁。用于解锁 iCipher 的唯一密钥由 iKeyGen 动态生成，而不是由 S&PM 硬编码。

对照图 3-1 和 3.1.4 节中关于黑盒特性的介绍，iKeyDis（被设计为）具有天然的黑盒特性 Ⅱ。即 iPlain 是基于一定函数关系的 iCipher 和 key 的输出，无法破解的 iCipher 和 key 不会提供 iPlain 的相关知识。因此，假设 iCipher 被攻击者捕获，意图隐藏就相当于防御者无法通过高级分析技术获得唯一密钥。

3.5.2　四大度量指标

根据以上分析，S&PM 的三层隐藏最直接的关联对象是攻击目标和密钥。因此，iProperty 的量化指标围绕这两个对象提出。在本节中，使用映射矩阵(表 3-3)来支持以下量化指标的定义。

表 3-3　S&PM 的映射矩阵

映射矩阵		真实样本	
		t	f
映射结果	key	TK	FK
	err	FE	TE

注：T 表示 True，F 表示 False，K 表示 key，E 表示 err。

(1)输入枚举率(input enumeration rate，IER)。IER 表示整个输入空间中可以映射到 key 的目标特征实例的数量，反映了在输入空间实现意图解锁的可能性。较低的 IER 对应于较低的概率通过转发枚举解锁 S&PM。从攻击者的角度来看，IER 应该无限接近或等于 0。具体来说，IER 的函数定义为

$$IER = \frac{TK}{TK + FK + FE + TE} \tag{3-1}$$

(2)输出枚举率(output enumeration rate，OER)。OER 表示从整个输出空间中枚举出唯一密钥的概率，反映了从输出空间中实现意图解锁的可能性。具体来说，OER 的功能定义为

$$OER = \frac{1}{2^{len(key)}} \tag{3-2}$$

其中，len(key) 表示 key 的二进制长度；从攻击者的角度来看，OER 有望无限接近或等于 0。

(3)密钥稳定性(keyS)。keyS 表示所有真实目标样本能够映射到 key 的统计概率，反映了 key 生成的稳定性。keyS 也反映了 S&PM 对目标受害者进行精准攻击的能力，即 keyS 越高，精准攻击率越高。从攻击者的角度来看，keyS 应该无限接近或等于 1。具体来说，keyS 的函数可以定义为

$$keyS = \frac{TK}{TK + FE} \tag{3-3}$$

(4)密钥可达性(keyR)。keyR 表示真实非目标样本通过碰撞成功生成密钥的概率统计，反映了暴力破解攻击意图的可能性。因此，keyR 表征了隐藏意图的能力。keyR 越低，意图隐藏能力越强。从攻击者的角度来看，keyR 应该无限接近或等于 0。具体来说，keyR 的函数定义为

$$keyR = \frac{FK}{TE + FK} \tag{3-4}$$

综上，理想情况下隐秘精准性要求：①IER、OER 和 keyR 无限趋近于 0；②keyS 无限趋近于 1。依据这四组指标，一方面可以助力 S&PM 的 PoC 设计与实现，另一方面也可以让我们对过去或未来出现的 S&PM 实例进行更有意义的风险评估。

值得注意的是，根据密码学中的安全标准定义，2^{128} 被认为是无法通过穷举法攻击的临界值。基于此，我们将至少可以进行 2^{128} 次枚举的空间定义为无限空间。因此，我们要求 S&PM 的输入空间 I 和密钥的枚举空间大小应至少为 2^{128}，即 $TK + FK + FE + TE \geqslant 2^{128}$，且密钥长度 $\mathrm{len(key)} \geqslant 128$。

此外，S&PM 的攻击目标通常是唯一的或为有限的一组，因此由 TK+FE 代表的目标特征空间大小是有限的。

3.6　本　章　小　结

本章综述了人工智能赋能作用下的六类恶意代码，并以建模的形式对隐秘精准型恶意代码进行了体系化描述，阐述了隐秘精准型恶意代码的相关概念、形式化定义、模型架构以及所需满足的黑盒特性。通过对相关恶意代码案例的分析，对比了传统技术和人工智能技术在赋能隐秘精准性上的关键区别，将人工智能的赋能作用概括为"精准识别"、"意图隐藏"和"泛化一致性"，其中泛化一致性是在多个异构目标主机上实现精准打击的关键。本章还通过建立对隐秘精准型恶意代码安全属性的多维度分析，为隐秘精准性的度量提供了一组度量指标。

参　考　文　献

[1]　Hutchins E M, Cloppert M J, Amin R M, et al. Intelligence-driven computer network defense informed by analysis of adversary campaigns and intrusion kill chains[C] // Proceedings of the 6th International Conference on Information Warfare and Security, Washington DC, 2011:113-125.

[2]　黄澄清, 云晓春, 刘欣然, 等. 2013 年中国互联网网络安全报告[R]. 北京: 国家应急响应中心, 2013.

[3]　Grosse K, Papernot N, Manoharan P, et al. Adversarial perturbations against deep neural networks for malware classification[J]. arXiv: 1606.04435, 2016.

[4]　Hu W, Tan Y. Generating adversarial malware examples for black-box attacks based on gan[J]. arXiv: 1702.05983, 2017.

[5]　Bircan B, Alkan G. Heybe-pentest automation toolkit [EB/OL]. [2015-08-06]. https://www.

blackhat.com/us-15/arsenal.html#heybe-pentest-automation-toolkit.

[6] Hu W, Tan Y. Black-box attacks against RNN based malware detection algorithms[C] // Proceedings of the Workshops at the Thirty-Second AAAI Conference on Artificial Intelligence, Palo Alto, 2018: 245-251.

[7] Anderson H S, Kharkar A, Filar B, et al. Learning to evade static PE machine learning malware models via reinforcement learning [J]. arXiv: 1801.08917, 2018.

[8] Rigaki M, Garcia S. Bringing a gan to a knife-fight: Adapting malware communication to avoid detection[C] // Proceedings of the 2018 IEEE Security and Privacy Workshops（SPW）, Los Alamitos, 2018: 70-75.

[9] Lin Z, Shi Y, Xue Z. IDSGAN: Generative adversarial networks for attack generation against intrusion detection [J]. arXiv: 1809.02077, 2018.

[10] Lee W, Noh B, Kim Y, et al. Generation of network traffic using WGAN-GP and a DFT filter for resolving data imbalance[C]// Proceedings of the International Conference on Internet and Distributed Computing Systems, Berlin, 2019: 306-317.

[11] Ring M, Schlör D, Landes D, et al. Flow-based network traffic generation using generative adversarial networks [J]. Computers & Security, 2019, 82: 156-172.

[12] Li J, Zhou L, Li H, et al. Dynamic traffic feature camouflaging via generative adversarial networks[C]// Proceedings of the 2019 IEEE Conference on Communications and Network Security（CNS）, New York, 2019: 268-276.

[13] Baki S, Verma R, Mukherjee A, et al. Scaling and effectiveness of email masquerade attacks: Exploiting natural language generation[C]//Proceedings of the 2017 ACM on Asia Conference on Computer and Communications Security, New York, 2017: 469-482.

[14] Das A, Verma R. Automated email generation for targeted attacks using natural language [J]. arXiv: 1908.06893, 2019.

[15] Seymour J, Tully P. Weaponizing data science for social engineering: Automated E2E spear phishing on twitter[C] // Proceedings of the Black Hat USA, Las Vegas, 2016: 1-8.

[16] Danziger M, Henriques M A A. Attacking and defending with intelligent botnets[C]//XXXV Simpósio Brasileiro de Telecomunicações e Processamento de Sinais-SBrT, Florianópolis, 2017: 457-461.

[17] Corporation T M. Mitre ATT&CK® [EB/OL]. [2022-08-25]. https://attack.mitre.org/.

[18] Singh A, Kolbitsch C. Defeating darkhotel just-in-time decryption [EB/OL]. [2015-11-05]. https://www. lastline.com/labsblog/defeating-darkhotel-just-in-time-decryption.

[19] Miramirkhani N, Appini M P, Nikiforakis N, et al. Spotless sandboxes: Evading malware analysis systems using wear-and-tear artifacts[C]//Proceedings of the 2017 IEEE Symposium

on Security and Privacy（SP）, New York, 2017: 1009-1024.

[20] Kirat D, Vigna G, Kruegel C. Barebox: Efficient malware analysis on bare-metal[C]// Proceedings of the 27th Annual Computer Security Applications Conference, New York, 2011: 403-412.

[21] Kirat D, Vigna G, Kruegel C. Barecloud: Bare-metal analysis-based evasive malware detection[C]// Proceedings of the 23rd USENIX Security Symposium（USENIX Security 14）, Berkeley, 2014: 287-301.

[22] Kirat D, Jang J, Stoecklin M P. DeepLocker-concealing targeted attacks with AI locksmithing[C]// Proceedings of the Black Hat USA 2018, Las Vegas, 2018: 1-29.

第 4 章　隐秘精准型恶意代码的增强实现

根据第 3 章的描述,本书将兼具"精准识别"、"意图隐藏"和"泛化一致性"能力的隐秘精准型恶意代码称为增强的隐秘精准型恶意代码。对此,本章提供了两种不同的增强实现方案,分别为基于深度神经网络的增强实现方案和基于感知哈希的增强实现方案。为了方便描述和区分,本书将基于这两种增强方案实现的隐秘精准型恶意代码分别称为基于深度神经网络的隐秘精准型恶意代码(deep neural networks-based S&PM,dnnS&PM)和基于感知哈希的隐秘精准型恶意代码(perceptual Hash-based S&PM,phS&PM)。

据我们所知,本书实现的基于深度神经网络的增强方案是首个用于构建模型可携带且异常小的 S&PM 的实现方案,将为人工智能赋能的 S&PM 由实验室走向现实世界奠定重要基础,也是以攻击预测为导向来防御安全威胁的关键一步。

基于感知哈希的增强方案是同时集成攻击目标精准识别、攻击意图隐藏和泛化一致性功能优势的一种可替代人工智能模型的实现方案,该方案相比基于深度神经网络的增强方案还保持了轻负载、免训练、体积小等性能优势,是人工智能赋能的隐秘精准型恶意代码难以被在野利用的有效构建方案,是这类恶意代码由实验室迈向实践的关键一步。通过探索这类有望实现在野利用的方案,可在更高层次嗅探攻击者的意图,为防御研究争取先机,有望提前将高水平的攻击风险扼杀在摇篮里。

4.1　基于深度神经网络的隐秘精准型恶意代码增强实现方案

在隐秘精准型恶意代码的实现中,候选密钥生成器(iKeyGen)和候选密钥鉴别器(iKeyDis)是保证其核心功能实现的关键。根据 3.2.4 节的介绍,在 dnnS&PM 的实现中,本书分别采用满足 BBC-Ⅰ 的 DNN 黑盒和满足 BBC-Ⅱ 的哈希黑盒对 iKeyGen 和 iKeyDis 进行实现。

具体而言,本节首先给出 DNN 黑盒的功能描述和形式化定义,其次对比三种不同类型的 DNN 黑盒在 dnnS&PM 实现上的实际可行性,为 iKeyGen 的设计与实现决策最优的 DNN 黑盒实现方案,最后给出基于 DNN 黑盒的 iKeyGen 实现。

4.1.1　深度神经网络黑盒概述

具有良好分类或预测功能的 DNN 可以通过其隐藏层或多分类输出层完成黑盒构建。隐藏层或多分类输出层实现了 key 的动态隐藏以及一类目标特征实例到唯一 key 的映射。这种类型的黑盒一般接收文本或图片作为输入，其自适应输入空间包括典型哈希算法覆盖的输入空间和以海量网络图片为特征的输入空间。

这类黑盒的典型代表就是 DeepLocker，它首次将人工智能模型作为核心组件用于恶意代码的构建，不仅是 S&PM 发展的高峰，也是恶意软件发展历程上的一大突破。从技术角度上，DNN 黑盒通过人工智能模型实现的是多对一的确定性函数，它可以针对一类目标特征进行相同的定制和实施，并能够保证当一个攻击目标上的恶意软件被发现时，其他目标上的恶意软件依旧保证不被发现。

令 DNN_BBox 表示上述 DNN 黑盒的实现函数，其形式化定义具体如式(4-1)所示，N 为其输入类，不唯一；Y 为其输出，具有唯一性。根据 3.1.4 节的描述，DNN_BBox 可同时满足 BBC-Ⅰ和 BBC-Ⅱ，因此 DNN_BBox 既可用于设计 iKeyGen，又可用于设计 iKeyDis。然而，根据 3.1.3 节中描述的 S&PM 的模型架构，iKeyDis 的输入是 iKeyGen 的输出，由于 iKeyGen 的输出具有唯一性，根据传递性原理，iKeyDis 的输入也只会具有唯一性。尽管 DNN 黑盒可以用于实现 iKeyDis（即"一对一"的映射），但必要性不大，而典型的哈希算法或者 AES 对称加解密算法天然地满足 BBC-Ⅱ，可用于 iKeyDis 的设计与实现。

$$Y = \text{DNN\_BBox}(N) \tag{4-1}$$

4.1.2　不同类型深度神经网络黑盒的对比

假定不考虑实际应用性，S&PM 可以基于多种不同的人工智能模型进行构建。本书选取典型且应用广泛的 DNN 模型进行不同黑盒构建方式上的对比，对比结果可以迁移映射在其他类型的人工智能模型之上。具体而言，根据构建方式的不同，可以将 DNN 黑盒分为三类：不依赖开源库的 DNN 黑盒、基于迁移/集成学习（依赖开源库）的 DNN 黑盒、其他依赖开源库的 DNN 黑盒。其中，由笔者从 0 到 1 实现的、不依赖开源库构建的二分类深度神经网络（binary deep neural network，B-DNN）模型属于第一种，如图 4-1(a)所示，DeepLocker 使用的 AlexNet 属于第三种，如图 4-1(b)所示。为了实现全面的对比，笔者再次基于对 InceptionV3、ResNet50、Xception 三个知名网络模型的迁移学习，以及自建后续子模型的方式实现了第二种（如图 4-1(c)所示，为方便起见，下面将其称为 tf-DNN）。

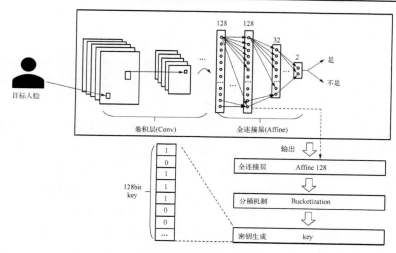

(a) B-DNN黑盒

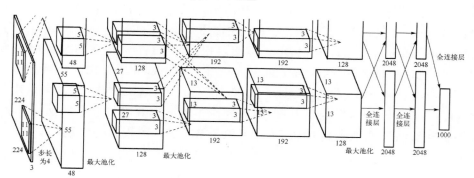

(b) 使用AlexNet的DeepLocker

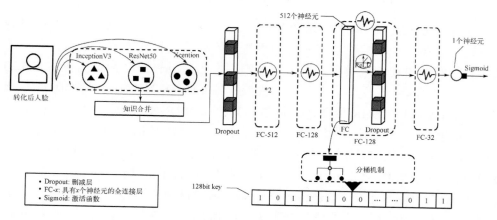

(c) 基于迁移学习的DNN黑盒

图 4-1 不同类型的 DNN 黑盒

以上三种 DNN 黑盒的区别体现为构建技术的不同、是否依赖开源库的不同、key 生成层的不同，以及由体积增量导致的实际应用能力的不同。

具体如表 4-1 所示，DeepLocker 以 AlexNet 的多分类功能为基础，在 AlexNet 的输出层处建立分桶，从而实现了稳定 key 的生成。此时，DNN 模型的输出层与黑盒模型中 key 的输出层保持一致，因此 keyS 与人工智能领域中定义的召回率保持一致。tf-DNN 与 DNN_BBox 则以二分类功能实现为基础，通过获取稳定的隐藏层，并在隐藏层处建立分桶，从而实现稳定 key 的生成。此时 keyS 的度量则区别于召回率。尽管三种黑盒模型的技术实现方式不同，但均实现了超过 94%的 keyS 和 0%的 keyR，在一定程度上均满足了构建 S&PM 所必需的安全属性。

表 4-1 三种人工智能黑盒的对比

模型	开源	大小	功能	密钥生成层	准确率	召回率	keyS	keyR
B-DNN	否	1.8MB	多分类	隐藏层	100%	99.9%	99.6%	0
tf-DNN	是	323MB (96MB+98MB+ 88MB+41MB)	二元分类	隐藏层	100%	99.9%	98.5%	0
AlexNet (DeepLocker)	是	237MB	二元分类	输出层	100%	94.7%	94.7%	0

但从实际应用性的角度出发，tf-DNN 与 AlexNet 因依赖于开源库进行构建，它们均具有较大的模型体积，分别为 323MB 和 237MB。此外，根据 Keras 官方文档的记载，依赖开源库构建的模型体积普遍大于 10MB，准确率超过 90%的模型体积一般要大于 100MB。如此大的体积增量在恶意代码投递的过程中会呈现明显的异常，因此依赖开源库构建的黑盒模型并不能满足 dnnS&PM 在实际攻击场景中发挥作用的需求。

相比之下，B-DNN 是不依赖于开源库的实现，其自身的体积只有 1.8MB，在以供应链污染[1-4]为例的实际攻击场景中，该体积并不会呈现明显异常，也有利于在不可察觉的范围内快速实现恶意代码的投递；相比依赖于深度学习开源库（如 TensorFlow）的模型（几十到几百 MB 不等）实现了具有突破性的模型体积压缩，且仍能够保持与依赖于开源库所构建模型比拟的精准识别或精准分类的能力。因此，基于 B-DNN 的 dnnS&PM 具有赋能恶意代码构建的轻负载优势，是以 DeepLocker 为代表的 dnnS&PM 由实验室走向实际的关键突破。值得一提的是，尽管基于 B-DNN 构建的 dnnS&PM 是实际可行的，但构建一个不依赖于开源库且表现良好的人工智能模型需要攻击者付出极大的时间成本，一般还要求攻击者具有丰富的人工智能建模经验。因此，新型的高级威胁往往对攻击者具有更高的能力要求，这也在一定程度上为安全防御者争取了一定的时间优势，我们可以通过及时预测这类新型威胁，从而快速建立相应的防御体系。

4.1.3 基于深度神经网络黑盒的候选密钥生成器

考虑隐秘精准型恶意代码的实际可行性,本书选择 B-DNN 黑盒(其展开形式如图 4-2 所示)来完成 iKeyGen 的构建。基于 B-DNN 黑盒的 iKeyGen 如图 4-2 所示。

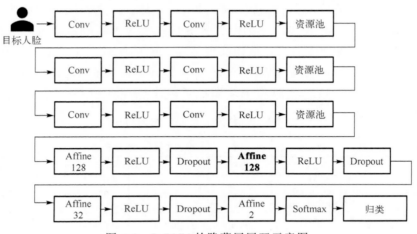

图 4-2　B-DNN 的隐藏层展开示意图

具体来说如下:

(1)Conv 表示由卷积层、激活层、池化层组成的卷积神经网络结构。

(2)Affine 表示由全连接层、激活层和 Dropout 层组成的全连接神经网络结构。

(3)Affine K 表示一个有 K 个神经元的全连接层。图 4-2 中加粗的 Affine 128 层由我们指定,用于决定 iKeyGen 的输出。

基于 B-DNN 黑盒的 iKeyGen 实现了"一类对应一个"的映射关系。针对 B-DNN 训练无法充分利用海量自然图像的问题,在 B-DNN 中加入对抗训练,这是神经网络常用的增强未知数据分类效果的方法。不仅如此,为了实现对一类攻击目标的准确感知,数据集的质量和数量也是需要考虑的重要因素。为了更有效地训练 B-DNN,对用于人脸识别的知名数据集进行了统计分析,如表 4-2 所示,其中大部分数据集是按性别、姿势和年龄分类的,不能很好地满足不同场景下对高价值特定攻击目标(如特定人)的准确识别需求。因此,笔者基于 Google Images 实现了特定人脸图像的爬取,发现比现有的知名数据集可以获得更高质量和更多数量的人脸图像。本章工作实验的数据集组成如表 4-3 所示。用于构建 B-DNN 的数据集均来自 Google Images。根据模型训练和模型测试的不同需求,将这些数据集分为标记数据集和未标记数据集。标记数据集用于学习特征的表达和分类,未标记数据集用于辅助数据和增强特征表达。鉴于 DNN 是基于有限输入空间训练生成的，通过近似计算得到 keyS 和 keyR 的度量值：keyS=99.9%，keyR=0，其中 TK=1989，FE=1，FK=0，TE=2543。

表4-2　不同人脸数据集的对比

数据集	Celeba	FaceScrub	VGG Face	BIWI	YouTube	PubFig	LFW	本章工作
每个相同人名对应的图片数量	20	200	362	750	97.5	294	2.3	1000+
识别场景	面部特征	性别	姿势和年龄	姿势	人物	人物	面部特征	人物

表4-3　构建基于 B-DNN 黑盒的 iKeyGen 的数据集信息

测试方法	目标样本	非目标样本	数据集来源
B-DNN 训练	1317	1757	Google Images
B-DNN 测试	673	786	Google Images
S&PM 测试	1317	25000	Google Images
S&PM 测试	无	40000	VGG Face2

这一结果为基于人工智能黑盒的 S&PM 的实际部署带来了极大的信心。

IER 和 OER 是根据实际部署场景计算的。具体来说，如表 4-3 所示，本章工作从 Google Images 和 VGG Face2[5]中总共获得了 65000 张非目标图像，用于测试 S&PM。测试结果表明，基于 B-DNN 黑盒的 S&PM 未能成功释放攻击，因为目标人物的面部图像不包含在两个数据集中，从而保证了 IER 足够小。此外，$\text{len}(\text{key})$ = 128，因此，IER 和 OER 计算为：$\text{IER} = O(\text{目标分类数})/O(\text{总分类数}) \ll 1/2^{128}$，$\text{OER} = 1/2^{128}$。

4.1.4　基于哈希黑盒的候选密钥鉴别器

本节提供了两种不同的 iKeyDis 实现方案。

（1）iKeyDis=（keyJudger，Decryptor），其中 keyJudger 是典型哈希黑盒的实现。具体伪代码如图 4-3 所示。

```
1    if (Typecal_Hask(ckey) == M)      //密钥判断机制
2        Run(Decryptor (cp,ckey))      //解密器
```

图 4-3　iKeyDis 的第一种实现方案

其中，M 是 key 的哈希，是内嵌于 S&PM 的明文信息。

（2）iKeyDis =（Decryptor），即直接使用 Decryptor 做尝试解密操作，具体的伪代码展示如图 4-4 所示。

```
1  try:                //程序执行
2    Run(Decryptor(cp, ckey))
3  except:             //异常处理
4    Pass
```

图 4-4　iKeyDis 的第二种实现方案

对比两种实现方案，前者通过集成密钥判断带来了更明显的优势，即可以通过减少频繁地尝试解密操作，降低 dnnS&PM 被检测为可疑恶意代码的概率。当然，根据攻击场景的不同，携带哈希判断的代码也有可能成为一种高熵可疑代码，这时第二种方案可能会更有优势。

4.1.5　基于深度神经网络的隐秘精准型恶意代码的完整实现

围绕上述 iKeyGen 和 iKeyDis 的设计与实现，我们基于 B-DNN 构建了 dnnS&PM，基于此，dnnS&PM 还可通过变化 iTotalSpace 或 iCipher 实现批量构建。在构建 dnnS&PM 时，为了将攻击过程中被怀疑或被发现的可能性降到最低，本书将 dnnS&PM（相对于 iBenCode）的体积增量（volume increment, VI）也纳入了考虑范畴，它是决定 S&PM 是否可以作为真正的恶意软件部署的重要因素。

VI 是指在构建隐秘精准型恶意代码的过程中，其嵌入 DNN 模型及其相关实现代码前后的体积变化。因此，将因嵌入模型而带来的体积增量划分为以下两个部分。

（1）代码体积增量：假设原有恶意代码的体积为 a，在原有恶意代码片段上加入模型相关的实现、函数库调用、模型调用等相关的代码之后生成的新恶意代码的体积为 b，则代码体积增量表示为 $b-a$，通常函数库调用会导致较大的代码体积增量。

（2）模型体积增量：恶意代码需要调用的神经网络结构和神经网络参数，这些是需要恶意代码内嵌的二进制文件。

iTotalSpace 作为 dnnS&PM 的输入，并没有给 dnnS&PM 带来 VI；iCipher 是原有恶意代码和隐秘精准型恶意代码的必选项，因此也不会带来 VI。因此，dnnS&PM 的 VI 的主要贡献者是 iKeyGen 和 iKeyDis。本书在 dnnS&PM 的实现中，代码体积增量和模型体积增量分别为 2524KB（2.46MB）和 1850KB（1.81MB），因此总的体积增量为 4.27MB。

此外，尽管 iCipher 不会引入 VI，但由于有效载荷的类型、功能或行为的不同，有效载荷的体积也不同，其体积与原有良性代码的体积之比也是影响实际可行性的关键要素。我们从公共云沙箱[6, 7]和恶意软件数据库（theZoo aka Malware DB[8]）中捕获了近 4000 个标记为"恶意"的有效载荷样本。统计结果表明，几乎一半的有效载荷小于 1MB（表 4-4 显示了用于 dnnS&PM 批量实例化的部分可用有效载荷）。与 BenCode（一种编码方式）相比，攻击指令集的体积可以忽略不计。本章工作选择 trickbot 中的 a.exe 作为攻击指令集，加密前后体积保持在 452KB。

表 4-4　构建 S&PM 时可选择的部分攻击指令集

算法名	Stuxnet	ZeusVM	Destover	Asprox	Bladabindi	EquationDrug	Kovter	trickbot	Cerber	Ardamax
大小/MB	0.02	0.05	0.08	0.09	0.10	0.36	0.41	0.44	0.59	0.77

从 VI 指标的角度来看，较小的 VI 和较大的 BenCode 体积对应于较低的 dnnS&PM 被检测为可疑的可能性。因此，在实际攻击场景中，S&PM 的构建需要考虑可接受的 VI 比率，以便选择合适的 BenCode 进行集成。

dnnS&PM 对抗静态分析[9, 10]的能力在设计与实现的过程中已经通过 iProperty 的四项指标进行验证。另外，为了验证其对抗动态分析[11-14]的能力，我们采用云端沙箱检测和安全主机检测两种方式进行验证。首先，我们将 dnnS&PM 实例提交给 72 个云防病毒引擎[6,7,15]，dnnS&PM 对所有这些实例都实现了零风险规避。其次，在基于主机的测试中，我们选择了卡巴斯基和 Windows Defender 两款杀毒引擎，对此，dnnS&PM 均未被检测和杀死，进一步证实了 dnnS&PM 带来的新安全威胁的出现。

4.2　基于感知哈希的隐秘精准型恶意代码增强实现方案

本节聚焦以 DeepLocker 为代表的泛化一致性环境键控技术，从技术可替代性、攻击能力不变性、实际可行性等层面出发，提出了 phS&PM。

phS&PM 本质上是 DeepLocker 的升级版，本节通过增强实现发现了 DeepLocker 自 2018 年发布至今仅在实验室表现优秀，却难以被在野利用的原因（例如，偶发性耗时增加、硬编码的 DNN 模型比较引人注目等），并提出了解决方案，这是从实验室迈向实践的关键一步，对这类恶意代码的发展和研究是奠基性的，为理解此类新型网络威胁的机理、危害进而预先设计防御机制做出了贡献。

下面我们首先提出一种泛化一致性感知哈希模型架构，其次通过提出三层相似度匹配算法对 phS&PM 进行构建。phS&PM 实现了负载的精准识别、意图隐藏能力，在替代人工智能技术的同时，可保持人工智能技术泛化一致性的优势。

4.2.1　泛化一致性感知哈希模型架构

泛化一致性感知哈希模型（后面直接简称"感知哈希模型"）的总体架构如

图 4-5 所示。它通过图像预处理和递进式的三层相似度匹配算法实现对一类目标图像的精准识别、意图隐藏和泛化一致性。

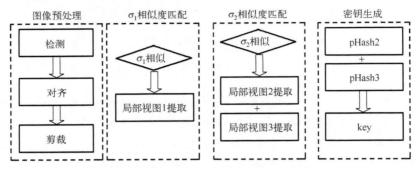

图 4-5　泛化一致性感知哈希模型架构

第一步，图像预处理是将输入图像转换成规范化图像，使之仅聚焦目标人物的面部图像以及关键面部特征点，为提取局部有效特征奠定基础；第二步，递进式三层相似度匹配分为 σ_1 相似度匹配、σ_2 相似度匹配和密钥生成三个阶段，每个阶段的核心思路均可概括为两个部分，一是计算图像指纹，二是对图像指纹做相似度度量。常用的相似度度量方法有汉明距离、L_2 范数、最大最小比值法等。本节采用汉明距离来实现。如式 (4-2) 所示，u、v 分别表示两个图像指纹的等长二进制表示，n 则表示它们的二进制长度。它们之间的汉明距离表示为这两个字符串对应位置的不同字符的个数：

$$\mathrm{Hamming}_d(u,v) = \sum_{i=1}^{n}(u_i \neq v_i) \tag{4-2}$$

进而，如式 (4-3) 所示，u、v 之间的图像相似度则表示这两个字符串对应位置相同的字符个数在整个字符串中的占比。因此，相似度度量区间为 [0,1]。

$$p_{\mathrm{simi}}(u,v) = 1 - \frac{\mathrm{Hamming}_d(u,v)}{n} \tag{4-3}$$

在递进式三层相似度匹配算法中，σ_1 和 σ_2 表示两个不同的相似度度量阈值，密钥生成阶段为第三层相似度匹配，该阶段的相似度度量阈值固定为 1，以对一类目标图像输出一致的图像指纹 (见图 4-5 中的 pHash2 和 pHash3)，用于生成唯一的加解密密钥 (见图 4-5 中的 key)。

值得一提的是，为了保证密钥生成的隐秘性，不同相似度匹配阶段接收的输入图像和携带的基准图像均不相同。尤其是 σ_2 相似度匹配阶段中使用的图像与密钥生成阶段使用的图像是相互独立的，从而保证了恶意代码携带的基准图像不会泄露密钥的相关信息。

4.2.2　递进式三层相似度匹配算法

1. 图像预处理

本节基于开源工具 FaceTools 完成图像预处理过程，可以概括为三个步骤。

(1)检测：检测面部轮廓，准确识别出人脸的位置和大小，并通过缩放处理，将人物图像转换成规范化图像，使所有人物图像具有相同的长度和宽度。

(2)对齐：选取一张图像作为校准图像，以校准图像的关键特征点位置为参考，对其他图像进行一定程度的旋转、缩放和平移等操作，以定位所有人物图像的面部关键特征点，如眼睛、鼻尖、嘴角点、眉毛以及人脸各部件轮廓点等。

(3)裁剪：将经过对齐操作后的人物图像进行矫正和裁剪，保留携带面部关键特征点的人脸有效部分，并保持所有图像的长、宽相同。

通过人脸检测、人脸对齐、图片裁剪三个步骤排除了人脸面部图像中背景因素以及图像旋转等变形的干扰，同时也进一步缩减了关键面部信息在定位上的偏差，使后续模型能够聚焦面部图像进行感知。

2. σ_1 相似度匹配

1)基本假设

相似度匹配要求基准图像的存在，又由于感知哈希模型是作为一个攻击组件内嵌于恶意代码之中的，因此基准图像也应被恶意代码携带。为了防止分析者通过基准图像推测出目标图像，假设攻击者具备特制基准图像的能力，能够保证基准图像既非目标图像(不具有视觉相似性)，又能够满足与目标图像的 σ_1 相似度匹配。

2)工作流程

σ_1 相似度匹配模块接收预处理后的图像为输入图像，要求输入图像与特制基准图像的相似度不低于 σ_1。

σ_1 相似度匹配算法如算法 4-1 所示。为了与其他模块区分，将本模块使用的基准图称为全局基准图，用 G 表示；将输入图像用 P 表示。通过计算图像指纹和对 P、G 图像指纹的相似度度量，若 P 与 G 的相似度低于 σ_1，则排除该图像是目标图像的可能，对该图像进行滤除，不做任何输出；若 P 与 G 的相似度超过 σ_1，则提取并输出 P 的有效局部视图，用 P_{loc_1} 表示。该局部视图包含了大部分的关键面部特征点，可在目标人物图像和非目标人物图像上建立区分。

算法 4-1　σ_1 相似度匹配算法

输入：Benchmark 全局基准图 G，待感知图像 P，σ_1

输出：P 的局部视图 P_{loc_1}，或者无输出

1.	$u_a = \mathrm{aHash}(G), v_a = \mathrm{aHash}(P);$
2.	$u_d = \mathrm{dHash}(G), v_d = \mathrm{dHash}(P);$
3.	$u_p = \mathrm{pHash}(G), v_p = \mathrm{pHash}(P);$
4.	$D_a = \mathrm{Hamming}_d(u_a, v_a);$
5.	$D_d = \mathrm{Hamming}_d(u_d, v_d);$
6.	$D_p = \mathrm{Hamming}_d(u_p, v_p);$
7.	$p_{s_a} = 1 - D_a / n;$
8.	$p_{s_d} = 1 - D_d / n;$
9.	$p_{s_p} = 1 - D_p / n;$
10.	if $\sigma_1 \leqslant p_{s_a}, p_{s_d}, p_{s_p} \leqslant \sigma_1 + \varepsilon$, then
11.	$P_{\mathrm{loc}_1} = P[x_0 : x_1, y_0 : y_1]$
12.	return P_{loc_1}

其中，u、v 分别为 G、P 图像指纹的二进制表示，n 为图像指纹的二进制长度，D 为 u、v 间的汉明距离，ε 为一个限定阈值，$[\sigma_1, \sigma_1 + \varepsilon]$ 为约束的目标图像与 G 之间的相似度区间，x、y 分别为 P 的横、纵坐标。此外，为了保证第一层相似度匹配具有较低的误报率，该模块同时采用 aHash、dHash 和 pHash 三种算法共同约束 σ_1 相似度匹配。

3. σ_2 相似度匹配

1）基本假设

σ_2 相似度匹配是基于面部图像的局部匹配，本模块要求局部基准图像的存在，且其由恶意代码携带。

如图 4-6 所示，一个 160 像素×160 像素的图像，可以拆分成 20×20 个 8 像素×8 像素的图像。由于局部特征难以表征全局特征，可以合理地假设当局部基准图像足够小时，分析者无法利用其溯源或还原出目标人脸图像。因此，我们默认由局部特征溯源全局目标图像的可能性为 0。

2）工作流程

σ_2 相似度匹配算法如算法 4-2 所示。将本模块的基准图像称为局部基准图，用 L 表示。σ_2 相似度匹配模块接收 σ_1 相似度匹配模块输出的 P_{loc_1} 为输入图像，要求输入图像与对应特制基准图像的相似度不低于 σ_2。

若 P_{loc_1} 与 L 的相似度低于 σ_2，则判定 P 为非目标图像，对该图像进行滤除，不做任何输出；若 P_{loc_1} 与 L 的相似度高于 σ_2，则判定 P 为目标图像，提取并输出 P 的两个有效局部视图，分别用 P_{loc_2}、P_{loc_3} 表示。P_{loc_2} 与 P_{loc_3} 独立于 P_{loc_1}，且通常具有更为鲁棒的面部关键特征，可对所有目标人物图像输出一致的哈希指纹。

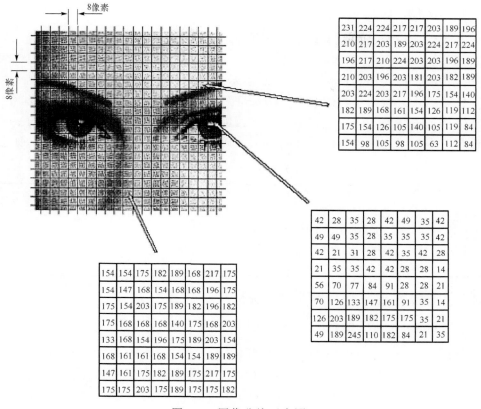

图 4-6　图像分块示意图

算法 4-2　σ_2 相似度匹配算法

输入：Benchmark 局部基准图 L，待感知图像 P_{loc_1}，σ_2

输出：P 的两个局部视图 P_{loc_2}、P_{loc_3}；或者无输出

1.	$u_p = \mathrm{pHash}(L), v_p = \mathrm{pHash}(P_{\mathrm{loc}_1})$;
2.	$D_p = \mathrm{Hamming}_d(u_p, v_p)$;
3.	$p_{s_p} = 1 - D_p / n$;
4.	if $p_{s_p} \geqslant \sigma_2$, then
5.	$P_{\mathrm{loc}_2} = P[x_2 : x_3, y_2 : y_3]$;
6.	$P_{\mathrm{loc}_3} = P[x_4 : x_5, y_4 : y_5]$;
7.	return $P_{\mathrm{loc}_2}, P_{\mathrm{loc}_3}$

其中，u、v 分别为 L、P_{loc} 两个图片对应感知哈希指纹的二进制表示，n 为它们的二进制长度，D 为 u、v 间的汉明距离，p_s 为 u、v 的相似度，x、y 分别为 P 的横、纵坐标。

4. 密钥生成

密钥生成模块是相似度阈值为 1 的第三层相似度匹配。如算法 4-3 所示，本模块接收 σ_2 相似度匹配模块输出的 P_{loc_2}、P_{loc_3} 为输入，基于 pHash 算法计算两者的图像指纹，分别用 pHash2 和 pHash3 表示。这两个图像指纹对所有的目标人物图像保持一致，且每一个指纹字符串的长度为 64bit，将二者的拼接结果作为恶意攻击载荷的加/解密密钥 key 进行输出，其二进制长度为 128bit。pHash2 和 pHash3 同时满足正确性时才可以生成正确的 key，所以 key 的暴力破解难度为 $2^{64} \times 2^{64}$，即 2^{128}。

算法 4-3　密钥生成算法

输入：P 的两个局部视图 P_{loc_2}、P_{loc_3}
输出：key
1.　　　 pHash2 = pHash(P_{loc_2}), pHash3 = pHash(P_{loc_3})；
2.　　　 key = pHash2 + pHash3；　　// "+"表示字符串拼接
3.　　　 return key

4.2.3　增强实现与隐秘精准性分析

1. phS&PM 的增强实现

如图 4-7 所示，phS&PM 由三部分构成，分别是泛化一致性感知哈希模型、基准图和传统恶意代码组件。其中，在感知哈希模型的实现中，通过多次实验调整，最终设置 σ_1 为 0.7，ε 为 0.05，σ_2 为 0.8。

当 phS&PM 启动运行时，泛化一致性感知哈希模型同步启动运行，以捕获的人脸图像为输入，通过基于全局基准图和局部基准图的两层相似度匹配实现目标识别。若判断输入图像为目标图像，则进行密钥生成；反之则不产生输出（即意图隐藏）。传统恶意代码组件中的解密模块接收生成的密钥为输入，解密密文攻击载荷，输出明文攻击载荷，以释放攻击。

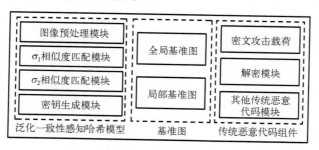

图 4-7　phS&PM 构成

2. 隐秘精准性分析

phS&PM 的相似度匹配要求携带两个基准图像，而基准图像与目标图像之间的相似度会暴露目标图像的部分指纹信息，导致目标图像在输入空间中有迹可循。由于本章使用的局部基准图像足够小，且局部特征之间的关联性极小，因此，假定由局部基准图像溯源全局目标图像的可能性为 0，本章仅针对全局基准图像对目标图像隐秘性的影响做定量分析。

针对 σ_1 相似度匹配算法实现的全局匹配，令 n 为图像指纹的二进制长度，r 为基准图像指纹与目标图像指纹间不同的二进制字符个数，m 为共同约束相似度匹配的感知哈希算法的个数，则 $\mathrm{Dif_{tr}}$ 表示由基准图像指纹溯源目标图像指纹的难度（即暴力遍历的次数），详见式(4-4)：

$$\mathrm{Dif_{tr}}(n,r,m) = (C_n^{n-r} \times 2^r)^m \tag{4-4}$$

以本章工作的实现为例，n、m 分别取值为 64、3，由于 $[\sigma_1, \sigma_1+\varepsilon]$ 取值为[0.7, 0.75]，因此，r 的整数取值区间为[16, 19]，从而 Dif_{σ_1} 的最小值和最大值分别计算为式(4-5)、式(4-6)的结果。对照式(4-7)，即使 Dif_{σ_1} 的最小值也远大于 2^{128}，超出了当前电子计算机可以暴力遍历的范围。

$$\mathrm{Dif}_{\sigma_1}\left(64,16,3\right) = (C_{64}^{48} \times 2^{16})^3 = 3.281749\mathrm{e}+58 \tag{4-5}$$

$$\mathrm{Dif}_{\sigma_1}\left(64,19,3\right) = (C_{64}^{45} \times 2^{19})^3 = 9.555227\mathrm{e}+64 \tag{4-6}$$

$$2^{128} = 3.402824\mathrm{e}+38 \tag{4-7}$$

因此，得出结论：全局基准图像的存在并不影响目标图像在输入空间的隐秘性。

4.3　深度神经网络与感知哈希的能力辨析

为了实现对深度神经网络和感知哈希技术在赋能精准恶意代码能力上的深度辨析，本节设计了三组实验，在泛化一致性度量、体积增量度量和实际可行性度量三个方面对 dnnS&PM 和 phS&PM 进行了对比；此外，由于 dnnS&PM 和 phS&PM 在某些方面的指标数据差距较小，为了实现更明显的对比，且为了能够直观地感受增强版隐秘精准型恶意代码的突出能力，本书在体积增量度量和实际可行性度量的实验中增加了 tf-DNN（代表了大多数人们日常使用的人工智能模型）的对比数据。

概括而言：

(1)泛化一致性度量实验，用于检测 dnnS&PM 和 phS&PM 对目标人脸图像输出一致性图像指纹（即环境密钥）以及对非目标人脸图像输出非密钥的性能。

（2）体积增量度量实验，用于验证感知哈希模型是否可以替代深度神经网络模型实现隐秘精准型恶意代码的轻负载实现。

（3）实际可行性度量实验，从模型启动耗时和运行时内存占用两个维度评估 dnnS&PM 和 phS&PM 的实际可行性。

实验环境如表 4-5 所示，（1）、（2）两个实验在物理机器上实现；对于实验（3），为了排除系统环境等因素的干扰，在 8 台虚拟机上观测深度神经网络模型与感知哈希模型的运行情况。8 台虚拟机分别被命名为 master、slave1、slave2、…、slave7，其中 master 节点被设定为目标主机，即恶意代码可以通过捕获目标人脸，来生成恶意攻击载荷的解密密钥，以释放攻击；相对应地，slave 节点被设定为非目标主机，它们模拟恶意代码在不同非目标主机上的横向移动过程。

表 4-5　实验环境设置

实验		系统	系统配置	软件环境
泛化一致性度量实验		Windows 10	Intel® Core™ i5-8350U CPU @1.60GHz 1.80GHz	Python 3.7
体积增量度量实验				
实际可行性度量实验	master	Windows 10	内存：2GB，CPU：1 核，硬盘：40GB	
	slave1~3	Windows 10	内存：2GB，CPU：1 核，硬盘：40GB	
	slave4~7	Windows 7	内存：2GB，CPU：1 核，硬盘：40GB	

4.3.1　泛化一致性度量

1.　实验数据集

为了获取更多的目标与非目标人物图像，本节基于谷歌图床爬取了目标人物和其余 25 个非目标人物的面部图像，并从 VGG Face 数据集中下载了 77 个非目标人物的面部图像。

此外，从模拟攻击的角度出发，本节默认假设通过摄像头捕获的图像应为正面人脸图像。这一假设非常合理，通常用户通过面部识别登录计算机时，摄像头也需要捕获正面的人脸图像才能启动人脸验证。

因此，本节从爬取和下载的数据集中筛除了非正面的人脸图像，最后保留了 75 张特定人物的正面面部图像，以及 786 张多个非目标人物的正面面部图像，其中包含 VGG Face 数据集中 66 张不同人物的正面面部图像。

2.　性能评估

DeepLocker 的作者从准确率（precision）（详见式（4-8））和召回率（recall）（详见式（4-9））两个角度对 DeepLocker 进行了性能评估：

$$precision = \frac{TP}{TP + FP} \tag{4-8}$$

$$recall = \frac{TP}{TP + FN} \tag{4-9}$$

经评估，它可以实现的最高准确率为 100%，最高召回率为 94.7%，这一结果说明，DeepLocker 没有将任何非目标人物图像错误识别为目标人物图像，即误报率为 0；但 DeepLocker 没有正确识别 5.3% 的目标人物图像，即漏报率为 5.3%。

基于本书提供的数据集，本节对感知哈希模型在所有正负样本上的表现进行了测试，测试结果如表 4-6 所示。

表 4-6　相似度匹配通过率测试结果统计

核心功能		目标人物图像	非目标人物图像
目标识别	σ_1 相似度匹配	100%	0.13%
	σ_2 相似度匹配	97.3%	0
密钥生成		96%(TP)	0(FP)

注：所有的计算结果均基于原始正负样本的数量得出。

对应混淆矩阵，TP、FP、TN、FN 的值分别为 72、0、786、3，从而根据式（4-8）、式（4-9），感知哈希模型可以实现的准确率为 100%，召回率为 96%。这一结果成功验证了感知哈希模型的有效性，其在核心功能的实现上与 DeepLocker 保持一致，甚至在召回率上还略优于 DeepLocker。此外，根据表 4-1 中记录的 B-DNN 性能数据，B-DNN 实现的准确率和召回率分别为 100% 和 99.9%，因此在泛化一致性的评估上，基于 B-DNN 的 dnnS&PM 优于 phS&PM。

4.3.2　体积增量度量

体积增量是指在构建隐秘精准型恶意代码的过程中，其嵌入深度神经网络模型或感知哈希模型前后的体积变化。考虑深度学习相关的开源库（如 TensorFlow）对深度学习模型体积的影响，将两种不同方式构建的深度神经网络模型（B-DNN 和 tf-DNN）与感知哈希模型进行体积增量的对比。

本书将嵌入模型带来的体积增量划分为三个部分。

（1）代码体积增量，请参阅 4.1.5 节。

（2）模型体积增量，请参阅 4.1.5 节。

（3）基准图像体积增量：即基于感知哈希模型实现的恶意代码需要内嵌两个基准图像，这两个图像的体积之和即为基准图像体积增量。对应地，基于深度神经网络模型实现的恶意代码不需要携带基准图像，因此不存在该体积增量。

综上，三个模型的体积增量如表 4-7 所示，tf-DNN 因带来明显的体积增量，明显不具有实际可行性。B-DNN 和感知哈希模型带来的体积增量相对较小，相对之下，在实际构建恶意代码时，感知哈希模型具有更高的轻负载优势。

表 4-7　模型体积增量对比

体积增量	tf-DNN	B-DNN	感知哈希模型
代码体积增量	360.5MB	2524KB	2522KB
模型体积增量	293.2MB	1085KB	—
基准图像体积增量	—	—	8.9KB
总体积增量	653.7MB	4.27MB	2.47MB

4.3.3　实际可行性度量

使用与 4.3.2 节相同的三个模型，实现不同深度神经网络模型与感知哈希模型在启动耗时与内存占用方面的对比。每次实验，分别在 8 台虚拟机上依次单独启动 tf-DNN、B-DNN 与感知哈希模型，记录模型的启动耗时与内存占用数据。重复 30 次实验，分别记录三种模型在不同节点上的表现。

感知哈希模型的启动耗时最少；随着实验次数的增多，B-DNN 模型的耗时也趋于稳定，且与感知哈希模型的启动耗时十分相近，从人的体验来说均不存在明显的耗时感受。但是 B-DNN 在 master 节点和几个 slave 节点上存在偶发性的耗时突增（从近乎 0s 突增到 3.5s），猜测这是 B-DNN 需要重新加载大量的模型参数到内存中引起的。因此，对比来说，尽管 B-DNN 与感知哈希模型的启动均具有非常小的启动耗时，但是感知哈希模型的启动耗时数据更平稳，因此具有更高的实际可行性。

对比感知哈希模型与 B-DNN 模型，tf-DNN 模型的启动耗时普遍高于 100s，偶发性的耗时突增也会达到 200s 以上，对人的体验来说会存在较为明显的耗时感受。这种较高的耗时主要源自对 TensorFlow 开源库的加载耗时，因此以 tf-DNN 为代表的一类基于开源库实现的人工智能模型若用于在未知防御空间中助力实施攻击，则会具有较低的实际可行性。

通过对内存占用统计结果进行分析，除 slave5 节点之外，感知哈希模型的内存占用率普遍为 1.7%～1.8%（对照表 4-5，所有虚拟机节点的内存均为 2GB）。然而，slave5 节点的内存占用率为 3.5%，比其他节点的内存占用率高出一倍，而且这种情况不仅发生在感知哈希模型的启动过程中，同样发生在 B-DNN 模型与 tf-DNN 模型的启动过程中。对此，猜测 slave5 节点上用于启动模型的进程可能存在与其他进程共享使用的内存，由于发生内存抢占使用而导致内存占用率较高。

因此，本章考虑大多数节点的内存占用情况来进行不同模型间内存占用的对比。

B-DNN 模型的内存占用率普遍为 2.0%左右，尽管其内存资源占用率略高于感知哈希模型，但两者的差距十分小，均具有较高的实际可行性。对比之下，tf-DNN 在大部分节点上的内存占用率约为 45%，仅 master 节点上启动 tf-DNN 模型时的内存占用率趋向于稳定在 28%左右，尽管如此，其内存占用率远远高于感知哈希模型与 B-DNN 模型，这在防御检测中是一个明显的异常点。

综上，根据以上三种模型的启动耗时与内存占用情况可知，tf-DNN 具有较高的启动耗时和内存占用率，具有较低的实际可行性，无法很好地助力 S&PM 完成攻击过程；而感知哈希模型与 B-DNN 模型的实验数据十分接近，均具有较高的实际可行性。进一步地，根据以上实验数据，感知哈希模型在耗时和内存占用方面均以数值表现和数据稳定性优势取胜，从而验证了 phS&PM 在技术选择上的正确性，不仅实现了对 DeepLocker 的重大突破，也进一步强调了新型隐秘精准型恶意代码带来的安全威胁。

4.4　本章小结

本章基于人工智能技术和感知哈希技术分别提出了两种增强型 S&PM 的实现方案，可用于同时保证"精准识别"、"意图隐藏"和"泛化一致性"的能力。在泛化一致性、体积增量和实际可行性层面对比了两种增强型方案的效果，得出结论：在泛化一致性层面，人工智能技术优于感知哈希技术，在体积增量和实际可行性层面，感知哈希技术则以优势取胜于人工智能技术。

参 考 文 献

[1] Moran N, Bennett J T. Supply chain analysis: From quartermaster to sunshop [R]. Milpitas: FireEye, 2013.

[2] Peisert S, Schneier B, Okhravi H, et al. Perspectives on the solarwinds incident [J]. IEEE Security & Privacy, 2021, 19(2): 7-13.

[3] Analytica O. Kaseya ransomware attack underlines supply chain risks [EB/OL]. [2022-08-25]. https://dailybrief.oxan.com/Analysis/ES262642/Kaseya-ransomware-attack-underlines-supply-chain-risks.

[4] Engelberg J. Bash uploader security update [EB/OL]. [2021-04-15]. https://about.codecov.io/security-update.

[5] Parkhi O M, Vedaldi A, Zisserman A. VGG face descriptor [EB/OL]. [2022-08-25].

https://www.robots. ox.ac.uk/～vgg/software/vgg_face.

[6] Google. Virustotal [EB/OL]. [2022-08-25]. https://www.virustotal.com.

[7] ThreatBook. ThreatBook cloud sandbox [EB/OL]. [2022-08-25]. https://s.threatbook.cn.

[8] ytisf. TheZoo-a live malware repository. [EB/OL]. [2022-08-25]. https://github.com/ytisf/theZoo.

[9] Moser A, Kruegel C, Kirda E. Limits of static analysis for malware detection [C] // Proceedings of the Twenty-Third Annual Computer Security Applications Conference (ACSAC 2007), Los Alamitos, 2007: 421-430.

[10] Bonfante G, Fernandez J, Marion J Y, et al. Codisasm: Medium scale concatic disassembly of self-modifying binaries with overlapping instructions [C] // Proceedings of the 22nd ACM SIGSAC Conference on Computer and Communications Security, New York, 2015: 745-756.

[11] Egele M, Scholte T, Kirda E, et al. A survey on automated dynamic malware-analysis techniques and tools [J]. ACM Computing Surveys (CSUR), 2008, 44(2): 1-42.

[12] Mariani S, Fontana L, Gritti F, et al. PinDemonium: A DBI-based generic unpacker for Windows executables [C] // Proceedings of the Black Hat USA, Las Vegas, 2016: 1-73.

[13] Dinaburg A, Royal P, Sharif M, et al. Ether: Malware analysis via hardware virtualization extensions [C] // Proceedings of the 15th ACM Conference on Computer and Communications Security, New York, 2008: 51-62.

[14] Sharif M, Lanzi A, Giffin J, et al. Automatic reverse engineering of malware emulators [C] // Proceedings of the 30th IEEE Symposium on Security and Privacy, Los Alamitos, 2009: 94-109.

[15] OPSWAT. Metadefender cloud [EB/OL]. [2022-08-25]. https://metadefender.opswat.com.

第 5 章　基于深度学习和机器学习的未知特征
恶意代码检测

恶意代码检测是一种较为常见的防御手段，一般分为恶意代码段检测、恶意流量检测及进程行为检测。其中，恶意行为检测涉及的恶意流量检测及进程行为检测较为常用，防御者可以在 ATT&CK 模型的影响阶段部署恶意行为检测。在该阶段中，受害主机上的恶意代码会释放恶意活动(如破坏数据、破坏硬件、窃取密码等)，防御者可以利用深度学习/机器学习赋能恶意行为检测，监控主机进程行为、监测网络边界流量等。随着攻防对抗的演进，恶意软件通常会产生诸多变体，提升面向未知特征的恶意代码检测能力尤为重要。

本章对普适性较强的两种行为检测方法进行综述，并深入研究恶意流量检测。以域名系统(domain name system，DNS)窃密场景为例，研究解决人工智能赋能恶意流量检测的数据不平衡问题、特征选取问题、最后一公里问题等关键问题，探索面向未知特征恶意代码检测的新范式。

5.1　基于深度学习和机器学习的未知特征恶意代码检测概述

5.1.1　进程行为检测

防御人员可以通过监控主机行为来分析主机是否感染了恶意代码。面向深度学习的进程行为检测在理论上是可行的技术手段，具体原因有两点。

(1)恶意代码在攻击过程中不可避免地会留下行为足迹，需要面向终端主机的行为检测来发现这些足迹。深度学习因具有自动提取深层特征的能力，能够对恶意进程行为实现较高的检测精度。

(2)主机进程行为生成的日志文件或指标快照包含着一些恶意的、隐蔽的行为特征，这些日志文件或指标快照数量巨大且容易获取。而大量可获取的样本则是深度学习类检测模型做健壮性训练的良好基础，有利于发掘具有隐蔽性的恶意特征，促进快速检测和恢复。

从行为特征上分析，Tobiyama 等[1]和 Rhode 等[2]分别通过记录 API 调用序列和记录机器活动特征来检测进程行为,由于 API 调用容易受到恶意攻击者的操纵,这会导致基于神经网络的检测出现分类错误,攻击者能够绕过面向 API 的行为检测;相比之下,有关机器活动的行为特征无法被攻击者篡改,而神经网络能够通过自主学习提取出区别恶意进程行为与良性进程行为的深层次、不可见特征,因此基于机器活动的恶意进程行为检测在鲁棒性方面优于基于 API 调用的检测方法。

从记录时间分析,Tobiyama 等[1]和 Rhode 等[2]在文件执行期间分别以分钟级和秒级对进程行为进行检测。从及时捕获恶意行为的角度,Tobiyama 等以 5min 为周期,捕获时间相对较长,意味着恶意代码在被检测到之前可能已经释放了攻击动作,甚至造成破坏,从而导致错过阻止恶意行为的机会;相比之下,Rhode 等提出的秒级早期行为检测方法使网络安全终结点保护功能得以增强,即可以及时、有效地阻止恶意代码的攻击行为,而不是在执行后检测并做修复,从理论上分析,这种早期行为检测为恶意行为检测提供了比较可观的时效性。但从另一个角度分析,像 APT 这类跨地域、时间长、不连续的实际攻击,即使耗时数周甚至数月才能检测出其对应的恶意行为,也是非常实用和有价值的。

综上,通过两个维度的分析对比,当前面向主机进程行为的实际部署尚有难度。上述两种基于进程行为的赋能检测方法各有利弊,在不考虑检测耗时的情况下,可尝试优势叠加效应,即结合两者的优势强化检测性能,并进一步增强行为检测在实际应用中的可行性。

5.1.2 恶意流量检测

网络流量分析是对分散式反病毒引擎的补充,它使网络管理者可以在整个网络中一致地实施安全策略,并尽可能地减少管理开销。研究人员提出利用深度学习赋能流量检测,通过自动特征提取实现对恶意流量的检测。

2018 年 Homayoun 等[3]提出一种利用深度学习且独立于底层僵尸网络体系结构的恶意网络流量检测器,称为 BoTShark。BoTShark 采用两种深度学习检测模型(堆叠式自动编码器 AutoEncoder 和卷积神经网络),以消除检测系统对网络流量主要特征的依赖。BoTShark 的优势在于它借助神经网络可以自动提取特征而无须专家知识。Homayoun 等使用具有通用性、现实性和代表性的僵尸网络数据集 ISCX 进行实验,结果表明,BoTShark 能够从两种常见的僵尸网络拓扑(即集中式和 P2P)中检测僵尸网络流量。在检测僵尸网络的恶意流量时,BoTShark 实现了91%的分类准确率和 13%的召回率。

2019 年 Marín 等[4]使用了与知识完全无关的输入(仅原始字节流)来探索深度学习模型在检测和分类恶意流量方面的应用。Marín 等使用包含一百万个样本的数据集,以数据包和流这两种原始的数据表示形式,通过实验评估深度学习技术检测恶意软件和网络攻击的性能，特别在使用原始数据流作为输入的情况下，Marín 等使用的深度神经网络模型表现出色：①提供了高度准确的恶意软件检测结果；②比基于随机森林的浅层模型更好地捕获基础恶意软件和正常流量；③与基于领域专家知识的检测器获得的检测效果一样好，而无须任何手工特征。

除此之外，在流量检测中也需要特别注意对安全超文本传输协议(hypertext transfer protocol secure，HTTPS)流量的检测。基于 HTTPS 的加密通信流程可以很容易地防止对超文本传输协议(hypertext transfer protocol，HTTP)有效负载的分析，网络攻击者很容易利用 HTTPS 隐藏攻击意图。Google、Facebook、LinkedIn 和许多其他流行的站点默认使用基于 HTTPS 的加密网络流量，这使基于网络或社交媒体的恶意攻击更具优势，随着 HTTPS 使用量的增长，恶意流量分析有必要考虑对 HTTPS 的检测。2017 年 Prasse 等[5]提出一种基于 HTTPS 的加密通信流程的 HTTPS 流量监测方法。Prasse 等在无法提取有效传输载荷特征的情况下，研究并开发了基于 LSTM 的加密恶意流量检测模型，该模型可以识别许多不同恶意软件家族的加密恶意流量。目前，针对加密恶意流量检测的研究相对较少，各大安全厂商也没有推出利用深度学习来赋能加密恶意流量检测的安全产品。

5.1.3　DNS 窃密流量检测研究现状

1. DNS 窃密数据研究现状

在流量生成领域，国内外研究人员已经开展了大量的研究工作[6-8]。这些研究工作侧重于服务于网络设备模拟、流处理系统和设备性能评估等目标，但是这些流量生成研究工作并不能有效提升数据集规模和质量，也难以满足 AI 模型训练对数据集的需求。为了满足 AI 模型训练对数据集的需求，笔者团队致力于研究攻击流量自动生成，并按照用户所用数据集的来源进行分类介绍。

1)源于真实网络的公开流量数据集数据嵌入与恢复技术

经过深入调研发现，在实际应用过程中没有专门针对 DNS 窃密攻击的数据集，人工智能模型训练和测试普遍面临难以获取大规模、有效的、高质量数据集的挑战。

参考 DNS 检测相关的研究工作，团队整理了常用的公开数据集。其中，CTU-13、ISOT 和 ISCX 已被广泛应用于学术研究中的模型训练阶段。深入分析发现，这类数据集在 DNS 检测方面存在几个问题。

(1)大型公开数据集通常为综合型攻击数据，其中的 DNS 窃密流量数据规模极小，不足以支撑人工智能模型的训练和测试；若使用小样本数据进行训练，会导致模型过拟合问题。

（2）数据集更新时间滞后严重，陈旧的数据无法跟上攻击技术的迭代发展，其对应的原攻击样本甚至已失活，导致数据失去了其主要价值。

（3）这类数据主要来源于专业安全团队对网络攻击的持续追踪和分析，由于团队利益、企业核心竞争力、用户隐私等因素，这类真实的攻击流量数据极少会公开分享，使普通用户难以大批量、公开获取。

有研究人员提出基于真实流量进行审计与分析，使用已有工具标记攻击流量数据。例如，Peng[9]提出一种整合不同工具进行网络攻击数据标记的方法，主要思想是从教育网骨干网络的核心路由器采集原始流量数据，使用入侵检测工具、告警分析方法，对流量数据进行分析并标记攻击流量，从而形成攻击流量数据集。这类攻击数据虽然来源于真实环境，但数据集的质量严重依赖系统部署位置、提取和标记规则、数据采集周期长短等因素；此外，源于真实网络场景的流量数据，在共享流通时存在用户隐私泄露隐患。

2）复现攻击样本和开源工具的流量数据

普通研究人员在无法获取到真实攻击数据的情况下，在学术研究工作中通常会自行构建临时数据集作为替代方案。常见方法是：捕获某个网络的日常 DNS 流量作为背景（良性）流量；复现某几个特定攻击样本或开源工具，捕获其流量数据作为数据集的恶意部分。

研究人员在论文中自行构建的实验数据集基本不公开，仅简单描述数据集的来源和组成部分，这非常不利于其他研究人员对已有成果进行验证和进一步探讨。从数据质量的角度分析，自行构建过程中所使用的开源工具种类和真实攻击样本极少。对普通用户而言，自身不具备专业安全技术积累和资源支撑，不仅存在真实攻击样本批量获取的困难，复现运行真实攻击样本也极具挑战性，因为很多攻击样本中广泛使用了对抗沙箱、反虚拟化环境等对抗技术。数据集的恶意流量主要来源于开源工具，然而这些开源工具与真实攻击差距较大。以 DET[10]（data exfiltration toolkit）为例，该工具实现的 DNS 窃密方式存在很多缺陷，如窃密成功率低、DNS 请求方式不符合实际攻击趋势等。因此，自行构建数据集中的恶意流量数据局限性明显，数据集的完备度受限于恶意样本、开源工具的多样性。

基于已有的攻击样本，有研究人员提出采用自动化样本分析和执行技术，来获取目标攻击样本的流量数据。例如，Chen 等[11]提出了一种基于 Python 符号执行的自动化网络攻击流量获取方法，该方法针对当前网络上可获取的 Python 网络攻击脚本，采用 Python 符号执行技术和强制执行技术，自动化获取脚本对应的攻击流量数据，解决大量攻击场景复现困难的问题。值得注意的是，该方法需要事先收集 Python 攻击脚本，然而，获取真实攻击的代码文件是极其困难的，很多攻击代码甚至永远也不会公开，即并没有实际解决普通用户获取困难的问题。

3) 其他领域类似问题的研究工作

人工智能模型训练数据不足的问题在其他领域同样存在，本书简要梳理了其他领域的类似研究工作，主要有数据增强(data augmentation)和 GAN 方法。

数据增强技术是基于有限数据产生更多的等价数据来人工扩展训练数据集的技术，被认为是克服训练数据不足的有效手段。目前针对图片的数据增强技术，通过旋转、缩放、裁剪等简单操作即可完成，且增强的数据验证是显而易见的。例如，一张"猫"的图片通过旋转、缩放后，形成的图片仍然是一只"猫"，则可以认为增强的数据是有效的；即通过旋转、缩放等操作，可同时完成数据规模增大和标签化工作。更高级的图片数据增强技术研究也取得了一些成果，如 Zhu 等[12]使用条件 GAN 可以将夏季风景照转换为对应的冬季风景照。Luan 等[13]提出了一种基于深度学习的照片风格转化方法，能在一定程度上扩展图片数据。若要利用数据增强技术来增强 DNS 窃密流量数据，首先需要确保增强后的数据仍然能够完成预设的攻击，并符合 DNS 窃密攻击的基本原理。由于 DNS 窃密流量数据通常以 0 和 1 的二进制形式表示，因此自动修改和验证这类数据与程序的功能目前仍面临困难，需要进一步研究解决。因此，目前不建议使用数据增强技术来增强 DNS 窃密流量数据。

2014 年，Goodfellow 等[14]首次提出 GAN，它主要由生成器(generator)和判别器(discriminator)组成。生成器的目标是欺骗判别器，使其不能正确分辨生成数据和真实数据。随着 GAN 在样本对抗中的出色表现，也有研究人员尝试利用 GAN 来解决数据集紧缺这一问题。Lee 等[15]提出使用 Wasserstein 生成对抗网络(Wasserstein generative adversarial networks，WGAN)来生成自相似的恶意流量，解决训练数据不平衡的问题。深入分析发现，若应用 GAN 生成 DNS 窃密数据，首先需要积累一定规模的原始 DNS 窃密流量；其次，GAN 生成方法的关键在于生成器和判别器的设计，生成数据质量由生成器的泛化能力直接决定，最终难点是设计一个能够完成攻击目的和数据有效性验证的判别器。目前，依据参数矩阵中的各项数值来完成自动化攻击目的和攻击原理验证，是当前技术无法完成的。

2. DNS 窃密检测研究现状

早期的检测技术主要基于指定检测内容的规则匹配，常见的检测内容有域名长度、信息熵、DNS 记录类型以及是否收到 DNS 应答等[16-18]。基于规则匹配的检测技术需要研究人员掌握大量攻击案例和分析经验才能够确定各个检测内容的匹配阈值以及权重，经过规则计算后，总分超过阈值的 DNS 流量会被认为是恶意 DNS 流量。基于规则匹配的检测技术的精度受到研究人员设置的阈值以及权重的影响，而机器学习技术的兴起解决了这个人为确定阈值和权重的问题。

近年来出现了大量基于机器学习技术构建的 DNS 流量检测方法,减少了人为因素在检测中的影响。由于缺少开源数据集,部分学者提出使用聚类方法进行 DNS 数据泄露流量检测。

Aiello 等[19]使用 K-means 算法和逻辑学习机(logic learning machine,LLM)模型实现了一个部署在 DNS 服务器上的检测方案,该方案在 DNS 日志中按照五元组提取 DNS 流,对流数据进行聚类。彭成维等[20]提出名为 CoDetector 的聚类检测模型,首先基于 DNS 查询发生的先后时序进行粗粒度聚类,把伴随出现的流量聚为一簇,然后在同一簇内保留伴随关系的同时将流量投影到低维空间向量,最后通过聚类来判断流量是否存在恶意行为。

有监督的机器学习方法比无监督的机器学习方法能够达到更好的精度,研究人员通过各种方法克服数据集不足的问题,提出不少监督机器学习检测方法。Preston[21]在 AdaBoost、支持向量机(support vector machine,SVM)、随机森林等 6 个不同的机器学习模型上进行验证实验,证明 DNS 数据泄露工具软件作为训练样本训练得到的检测模型能够检测出真实攻击流量。测试结果显示,工具流量训练的模型对于 FrameworkPOS 和 Backdoor.Win32.Denis 的流量能够达到平均 99.95%的准确率与 99.89%的召回率。由于真实攻击样本的稀缺,测试样本仅有 400 多个,仍旧缺乏大量真实攻击样本。Ahmed 等[22]分析研究所局域网与校园局域网的 DNS 流量,基于密度图筛选出 8 个正常 DNS 流量有明显聚集分布的检测特征,使用 iForest[23]算法对 DNS 流量进行检测。在实验中,该异常检测模型对于 GitHub 高星工具 DET[10]、BernhardPOS[24]、DNSMessenger[25]等 DNS 数据泄露流量能够达到较高的准确率。Sivakorn 等[26]提出名为进程-域名系统关联(process-DNS association,PDNS)的检测模型,PDNS 通过进程信息辅助 DNS 检测特征来进行 DNS 流量检测,但是 PDNS 必须部署在用户主机上,并且需要取得进程信息的访问权限,相较于纯流量检测模型更为笨重,所需权限更高。

研究人员还提出了一些基于神经网络技术的方案。张猛等[27]从 DNS 流量中选取 48 个表征元素,通过对表征元素向量进行规范化计算,最终得到一个 8 像素× 8 像素的灰度图像作为卷积神经网络的输入。由于缺乏真实攻击数据,该模型的训练流量和测试流量均来自 Iodine、Dns2tcp 等开源工具,在实验中取得了 99.50%的准确率,但是缺乏使用相同表征元素下神经网络算法与机器学习算法的对比实验。为了充分发挥神经网络模型"不需要人工选取特征"的优势,Liu 等[28]使用独热编码方式将 DNS 流量中的字节转换为 257 维的向量,将 $257 \times k$ 的矩阵作为卷积神经网络的输入。Liu 等实现了该模型与机器学习模型的对比实验,由于所构建的机器学习模型仅使用了 3 个检测特征,模型本身不够完善,尽管在对比实验中神经网络模型效果更佳,但仍旧不能确定其与特征集完善的机器学习模型的差异。

恶意流量在攻防对抗中不断变换，Asaf 等[29]在研究中发现，DNS 数据泄露流量已经从以往的高频传输转变为慢速传输，这导致很多原有的检测系统损失了一定的检测精度。相应地，他们提出了应对该变化的检测模型，使用滑动时间窗口的方式关联分析不同时间窗口内的 DNS 流量，联合分析发现分散在不同时间窗口内的 DNS 数据泄露流量。可见，攻击者的攻击方式会随着检测技术的发展不断变化，攻击者总是试图在这场攻防的竞争中顺利突破检测防线，成功窃取受害主机上的关键数据。

综上所述，检测模型面对未知样本时的检测能力很重要，然而已有工作在这方面还存在优化的空间。

5.2　面向人工智能模型训练的 DNS 窃密数据自动生成

近年来，借助 DNS 协议良好的隐蔽性和穿透性实施数据窃取已成为诸多 APT 组织青睐的战术、技术和程序（tactics，techniques，and procedures，TTP），在网络边界监测 DNS 流量进而精准发现潜在攻击行为已成为企事业单位急需建立的网络防御能力。然而，基于 5.1 节的内容我们不难发现，DNS 的 APT 攻击所涉及的恶意样本存在难获取、数量少、活性很低等现实问题，且主流的数据增强技术不适合移植到网络攻防这个语义敏感领域，这些问题制约了人工智能检测模型训练。为此，本节基于 DNS 窃密攻击机理分析，结合大量真实 APT 案例和 DNS 工具，提出了一种基于攻击 TTP 的 DNS 窃密流量数据自动生成及应用方法，设计并实现了 DNS 窃密流量数据自动生成系统——MalDNS，以生成大规模、高逼真度、完备度可调的 DNS 窃密数据集，并通过实验验证了数据的有效性。

5.2.1　范围界定

如图 5-1 所示，本节所述的 DNS 窃密是指：基于标准 DNS 协议自行设计规则，将目标主机（受害者）上的特定目标内容（如高价值文件、截获的敏感内容、命令执行结果等）传送到攻击者控制的服务端，且通信流量基本符合 DNS 协议规范。

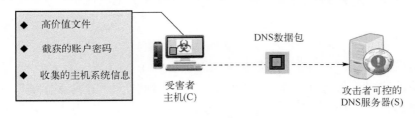

图 5-1　DNS 窃密概况

在实际的攻击活动中，攻击者通常综合使用多种攻击技术来完成一系列攻击动作，DNS 窃密技术在各种攻击活动中也有不同体现。参考 ATT&CK 知识库对数据泄露(exfiltration)的分类，典型的 DNS 窃密主要包含以下几种。

(1)独立于命令与控制信道(后面简称"C2 信道")，特意为执行 DNS 窃密而制作的恶意代码段或工具，如 APT34-Glimpse、DNSExfiltrator 等。

(2)直接使用构建完成的 DNS C2 信道(基于 DNS 构建的 C2 信道)执行 DNS 窃密任务，例如，使用 DNS C2 信道回传收集到的主机信息、截获的敏感信息、控制命令执行结果等，都属于本节所关注的"DNS 窃密"范畴。值得注意的是，通过 DNS 响应特定 IP 指代特定攻击命令、受害主机发送特定 DNS 请求更新测试指令集等，暂不属于本节所指 DNS 窃密技术的范畴。

(3)已成功建立 DNS 隧道后，DNS 隧道客户端向服务端回传内容的部分，也属于本节所讨论的 DNS 窃密范畴。同样，由 DNS 隧道服务端向客户端传送数据的部分，暂不属于本节所指 DNS 窃密的范围。

综合大量 DNS 窃密攻击案例分析报告可知，上述三类 DNS 窃密方式都需要基于标准 DNS 协议构建自定义的数据传输规则，因 DNS 协议规范的限制，三类 DNS 窃密方式需要将欲窃取内容嵌入 DNS 请求的域名中。因此，上述三类 DNS 窃密形式的基本原理是一致的，本节将以第一类 DNS 窃密实现形式为例，来阐述 DNS 窃密攻击 TTP。为了便于后续的分析讨论，本节特别指定以下说法。

目标内容：特别指代攻击者拟窃取的内容，可以是文件内容、控制命令执行结果、截获或收集的用户敏感信息等。

附属信息：特别指代与目标内容相关的其他信息，如目标文件名标识、归属主机系统标识、目标内容校验信息等。

窃密数据：按预定义的编码转换方案，处理目标内容和附属信息后，最终形成的需要传送的数据，本节用"窃密数据"来特别指代。

特制域名：特别指代由攻击者设计的、具有特定组成格式的域名，一般包含窃密子域和攻击者预置的二级域名(second level domain，SLD)。

5.2.2　DNS 窃密攻击的 TTP

1. 窃密机理

DNS 窃密攻击中，攻击者会事先注册至少一个二级域名用于执行 DNS 窃密任务，并且配置攻击者控制的 DNS 服务器(后面简称为"窃密服务端")作为权威服务器来解析该 SLD 及其所有子域。例如，攻击者可配置由攻击者控制的 DNS 服务器，来解析 maldns.club 及其子域；那么经过公共 DNS 的解析查询机制，所有 maldns.club 及其子域的解析请求最终会到达窃密服务端。

　　DNS 窃密攻击以成功执行窃密任务为基本要求，目标内容需要通过 DNS 解析请求传送到窃密服务端，DNS 窃密攻击的基本流程如图 5-2 所示，总结如下。

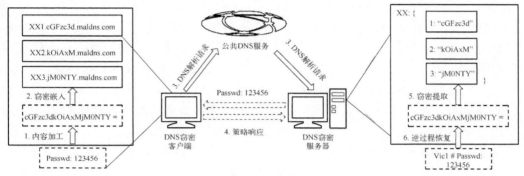

图 5-2　DNS 窃密的基本流程

　　(1)窃密客户端对目标内容、附属信息等按预定义的内容加工流程和方法进行处理，从而服务于攻击者的特定意图，例如，执行压缩以提升效率、进行加密避免明文传输等。

　　(2)受限于 DNS 对标签、域名长度的限制，窃密客户端将窃密数据分片，并构建形成一系列携带窃密数据分片的特制域名。

　　(3)窃密客户端发起 DNS 请求，依次解析特制域名，即通过 DNS 实际传送窃密数据分片。经过 DNS 请求解析流程，窃密 DNS 请求数据包会最终到达由攻击者控制的窃密服务端。

　　(4)配置为全时段工作的窃密服务端，从所有 DNS 解析请求中，按预定义规则识别并筛选出窃密 DNS 请求；除此之外，窃密服务端通常还会进行策略响应。

　　(5)窃密服务端依据预定义的特制域名结构，从窃密 DNS 请求的域名中，分别提取和暂存窃密数据分片、辅助信息等。当窃密传送完成后，依据辅助信息将所有窃密数据分片重组，得到完整的窃密数据。

　　(6)窃密服务端依据客户端使用的内容加工处理方法和流程，对窃密数据进行相逆的处理和转换，从而恢复得到目标内容及其附属信息，进行简单校验后，以存储到服务端本地等形式反馈给攻击者。

　　2. 窃密关键技术

　　1)数据嵌入与恢复技术

　　综合前面对 DNS 窃密的界定和 DNS 窃密机理的研究，DNS 窃密实际是通过 DNS 请求数据包来完成的。参考 DNS 协议规定的请求报文格式详情，DNS 查询请求主要包含 DNS 首部和查询问题区域两个部分。DNS 首部包含 6 个字段，每个字段与 DNS 数据报文紧密相关，不同取值对应在 DNS 协议规范内都具有特定含义。查询问题区域中的 QCLASS 明确 DNS 查询请求的地址类型，通常取值为 1，代表互联网地址；而 QTYPE 的取值则对应 DNS 查询请求的资源类型，例如，QTYPE 字段取值为 1 则表示请求解析 A 记录。DNS 查询请求数据报文中的 QNAME 部分通常是请求解析的域名，三类典型 DNS 窃密攻击形式的窃密数据嵌入位置均是 QNAME 部分，这是因为 QNAME 部分是嵌入窃密数据分片的最佳位置。

与此同时，DNS 协议规定域名的标签最大长度为 63 个 ASCII 字符，完整域名的最大长度为 253 个 ASCII 字符。受标签和域名长度的限制，窃密数据通常需要进行分片后，分别通过一系列的 DNS 查询请求序列完成传送。

为了识别和过滤窃密 DNS 请求，并按顺序重建数据片段，窃密 DNS 请求的域名需要包含必要的辅助字符串。常用的辅助字符串包括分片序号、分片归属标识信息等。然后，按照预定义的方式和结构，将窃密数据分片、辅助字符串等组合构成特制域名。攻击样本中实际使用的特制域名结构因不同的攻击实现而有所不同，但所有特制域名结构都包含"分片序号"、"标识符"等关键组成部分。这些特制域名的区别通常只是次要字符串的添加、修改或各组成部分所处位置的调整。

2) 编解码转换技术

在 DNS 窃密攻击案例中，内容编解码转换技术被广泛使用，主要是针对目标内容和附属信息进行内容形式或格式的转换。编解码转换是指按预定义的编解码方法和流程来转换目标内容的呈现格式或形式；并且可以按照对应的相逆过程和方法解码得到原始内容。显然，上述内容编解码转换方法包含标准的 Base64、Base32 等方法，攻击者也可以自定义内容转换方法，例如，按一定流程组合使用常用编码方法。在实际攻击活动中，内容编解码转换的设计和技术实现，通常与域名语法规范、攻击者意图紧密相关。

内容编解码转换的首要目标是使转换后的内容符合域名语法规范。DNS 协议规定，域名由层级结构的多级标签构成，只能由字母、数字和连字符组成，且开头和结尾只能为字母或数字。然而，攻击者欲窃取的目标内容可能存在非法字符，显然不能完全符合域名语法。因此，攻击者必须对目标内容执行内容编解码转换，使所得窃密数据基本符合域名语法要求，最简单的方法是可直接使用标准 Base64URL（基于 Base64 编码方法的改进，将域名中不能出现的"+""/"分别替换为"-""_"，并去除尾部的"="）、Base32 等方法。

除此之外，内容编解码转换还可能服务于攻击者的更多意图。例如，由于 DNS 协议设计为明文传输，较多攻击者在实际的攻击活动中，还会对目标内容进行加密，从而避免明文传输、逃避内容检测。

3）DNS 窃密传送技术

DNS 窃密传送技术直接控制攻击活动的网络流量表现，主要是依据特制域名构建 DNS 请求数据包，并直接控制 DNS 请求相关的其他参数。

攻击者在设计和实现 DNS 窃密传送技术时，首先需要重点规避各级 DNS 服务器的缓存机制。一般情况下，经过编解码转换处理后的窃密数据片，出现两个以上完全相同数据分片的可能性较小。然而，在实际的攻击活动中，通常还会在特制域名的固定位置加入随机的冗余部分，从而确保每个窃密 DNS 查询请求都能最终到达窃密服务端。

DNS 窃密传送技术直接影响窃密流量数据的多个方面，而且不同攻击者的关注点和实际需求会有所差异，常见的包括窃密 DNS 请求间隔、DNS 数据包构建方法等。以 DNS 请求发起方式为例，攻击者通常会依据受害主机系统特点来选取 DNS 请求发起方式；例如，ISMAgent 攻击样本是调用系统 API 的 DnsQuery_A 函数来发出 DNS 解析请求，而 QUADAGENT 攻击样本则使用 nslookup.exe 可执行程序来发出窃密 DNS 请求数据包。

4）策略响应技术

依据 DNS 窃密的基本原理分析，针对窃密 DNS 请求的响应并不是执行窃密传送所必需的，但若大量的 DNS 请求无响应则极为异常。为了对抗检测，攻击者通常会按既定策略进行响应。

策略响应技术就是攻击者处理大量窃密 DNS 查询请求时，服务于攻击活动而制定的响应策略及其实现技术。避免大量 DNS 查询请求无响应的异常情况是策略响应技术的关键功能之一，但具体的响应策略会因不同攻击者及其目的的不同而差异明显。以针对 A 记录的响应策略为例，常见的响应策略有以下几种。

（1）基础伪装类：响应某一固定 IP、随机 IP 或规律变化的 IP，该 IP 没有指定用途。这是攻击者选取的一种较为简单的响应策略，可以解决大量 DNS 查询请求无响应的这一明显异常问题。例如，APT34-Helminth 在执行窃密任务时就响应固定 IP "172.16.107.128"。

（2）强化伪装类：出于伪装目的，攻击者预置一个或多个具有欺骗性的响应结果；例如，Helminth 样本中，对于窃密 DNS 请求的响应可以伪装成 "google.com" 服务器的 IP 之一。

（3）稳定增强类：在对应响应中携带有利于实现更稳定传送的信息；例如，携带已成功收到的窃密数据分片序号，从而通知客户端已经传送成功的窃密数据分片。由于这种方式需要攻击者设计完整的重传机制，因此目前只在极少数攻击案例中被采用。

DNS 窃密攻击存在一些关键技术点，攻击者在攻击过程中难以绕过这些技术点，或者绕过这些技术点需要付出巨大代价，如牺牲窃密传输效率、传输成功率等。因此，防御方可以根据这些关键技术点制定更有效的检测和防御措施。基于对攻击 TTP 的分析，可以从以下两个方面开展针对 DNS 窃密攻击的防御思路。首先，攻击者需要构造特制域名来携带窃密数据分片，这些特制域名具有固定的结构特征，包括数据分片序号、各种标识等。其次，由于 DNS 窃密传输受到 DNS 包大小的限制，攻击者通常使用 SLD 子域进行 DNS 解析请求，并存在固定规律的窃密传输间隔、DNS 请求和响应主机等特征，这些规律在网络流量上可以被检测到。

5.2.3　基于攻击 TTP 的数据生成及应用设计

众所周知，人工智能模型训练阶段需要足够规模的流量数据来支撑模型训练，而且训练数据集的质量越高，训练所得模型性能越好。本节的首要目标是解决人工智能模型训练阶段面临的数据集紧缺、完备度不足的问题，即面向人工智能模型训练的流量数据自动生成的主要目标是：突破 DNS 窃密流量数据的规模局限性，解决数据有效性验证的难题，为用户生成大规模、有效的 DNS 窃密流量数据；广泛覆盖 DNS 窃密攻击案例，拓展未知变体空间，从而有效提升生成流量数据集的完备度。

本节从攻击者的角度出发，明确了攻击原理的重要作用，提出基于攻击 TTP 的流量数据自动生成及应用方案，具体设计如图 5-3 所示。

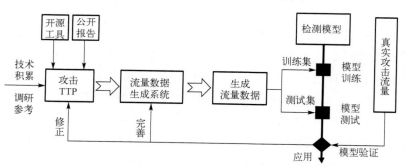

图 5-3　基于攻击 TTP 的流量数据自动生成及应用方案

攻击 TTP 作为样本数据自动生成的理论基础，是生成流量数据有效性、完备度的重要保证。在国内外安全研究人员的共同努力下，曝光攻击案例的分析报告已经初具规模，内容翔实的分析报告基本还原了攻击样本的技术实现、攻击策略等。基于已有分析报告和开源项目，可以梳理得到 DNS 窃密的攻击 TTP。

在攻击 TTP 的指导下，本书设计并实现了 DNS 窃密流量数据生成系统。该系统通过定制配置文件的方式实现高扩展性，即定制化生成大量逼真的、完备度可调的 DNS 窃密流量数据;而且生成流量数据的有效性可以依据窃密任务执行结果进行直接验证。

除此之外,通过跟进最新的攻击案例报告,已有攻击 TTP 可以得到持续修改和完善,保证专家知识体系的完备度和时效性。持续更新、完善的攻击 TTP,可以指导生成系统拓展实现最新攻击技术,从而保证生成数据的完备度和时效性。

生成流量数据完成有效性验证后,即可作为训练集和测试集,应用于人工智能模型的训练阶段。为了检验训练所得模型的实际检测性能,辅以少量真实攻击数据来验证模型的真实检测性能。与此同时,检测结果可以指导系统的持续优化完善,进一步提高生成数据的质量。

本节设计的流量数据自动生成及应用方案,不仅满足了人工智能模型训练对目标类型攻击流量数据的大规模需求,还可以通过完善数据集完备度来有效提升检测模型性能。区别于其他流量生成方法,所述方法将攻击 TTP 作为理论支撑,保证了流量数据生成框架的合理性;实现的流量数据自动生成系统需要验证能否实际完成既定攻击任务,因而生成流量数据与真实攻击流量数据之间的差异性不可区分。

5.2.4 DNS 窃密流量自动生成框架实现

1. 系统整体设计与实现

遵循数据自动生成方案,本书基于 DNS 窃密攻击 TTP 设计 MalDNS 系统,该系统实现了完整的 DNS 窃密框架,用于大规模生成 DNS 窃密流量数据;生成流量数据的有效性易于直接验证,而且其完备度可以通过配置文件进行调控。得益于可控环境下的完整窃密框架,MalDNS 生成流量数据的过程可以等效为参数可调的真实攻击,从而保证了生成流量数据与真实攻击流量数据之间的差异性不可区分。

MalDNS 系统框架设计如图 5-4 所示,遵循 DNS 窃密攻击的基本流程,包含 DNS 窃密客户端和服务端,客户端对应真实攻击中的受控主机,而服务端则对应由攻击者控制的 DNS 服务器。如图 5-4 所示,MalDNS 系统执行 DNS 窃密任务的主要流程可概括为以下几步。

(1) DNS 窃密客户端按配置文件描述的流程对目标内容进行加工处理,形成窃密数据;然后依据特制域名相关参数,将窃密数据分片、对应辅助字符串等嵌入特制域名;最后调用指定方式构建 DNS 请求数据包并发出。

(2) 从客户端发出的窃密 DNS 请求数据包,遵循常规的 DNS 解析流程,最终会到达窃密服务端。由 DNS 窃密攻击 TTP 可知,DNS 窃密传送使用通用 DNS 解析服务而无须特别实现,调用客户端系统支持的 DNS 解析请求方式即可;因此,MalDNS 系统对窃密 DNS 解析不做定制化设计。

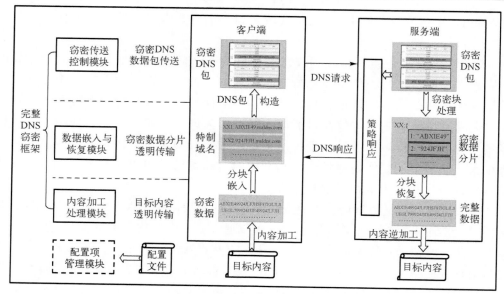

图 5-4　MalDNS 系统框架设计

（3）窃密服务端将识别并筛选出窃密 DNS 请求数据包，从 QNAME 中提取并暂存窃密数据分片、辅助字符串等。当窃密任务传送完成后，服务端则依据辅助信息重组所有窃密数据分片，得到完整的窃密数据。最后依照与客户端相逆的内容转换处理流程恢复目标内容，并以指定形式反馈或存储。

（4）服务端对窃密 DNS 解析请求执行策略响应，如避免大量 DNS 请求无响应的异常、辅助实现更稳定的 DNS 窃密传送等。

MalDNS 系统的配置项参考 DNS 窃密攻击 TTP 进行设计，旨在提升生成流量数据的多样性和完备度。结合生成流量数据的主要影响因素，MalDNS 系统拟覆盖 DNS 窃密的关键技术矩阵如表 5-1 所示，表中的"*"项为非必须实现的技术要点。具体地，针对表中每个技术要点设计一组配置项，通过编辑不同配置项的值来还原该技术要点在不同攻击案例中的实现。例如，不同的攻击案例使用的编码方法不同，常见的有 Base16、Base32、Base64URL 及其组合使用等。

表 5-1　DNS 窃密关键技术矩阵

内容加工	数据嵌入/恢复	DNS 窃密传送	*策略响应
编解码转换	辅助子串	请求频率	无响应
*压缩	子域结构	记录类型	基础类响应
*加密	长度限制	包构建方法	伪装类响应
	*握手子域		稳定传输类

根据表 5-1 的设计,我们创建了一个包含近 60 项配置的 JSON 格式配置文件。此配置文件直接面向用户,允许用户在攻击原理范围内对各配置项进行个性化编辑,例如修改加密、编码等。用户可以将配置项组合在一起,配置 MalDNS 系统在编解码目标内容时使用 AES 加解密方法,并使用密钥"THISISMALDNSKEY",同时启用 Base32 编码方法。此外,特制域名的配置使用了二级域名"ntpupdateserver.com",特制域名标签长度最大为 63 个 ASCII 字符,并且子域的组成格式为"<target_content>.<seq_number>.d.<system_ID><pack_type>",其中目标内容 target_number 将嵌入窃密数据分片,序列号 seq_number 将嵌入特定位置。

面向用户的配置项设计是 MalDNS 系统生成流量数据多样性的重要方式,可以实现两类定制化流量数据生成。

(1)案例还原生成:参考案例报告编辑各配置项的值,目标是高度还原分析报告中所描述的 DNS 窃密攻击,使生成流量数据与真实攻击流量数据之间的差异不可区分,从而配置 MalDNS 系统生成与目标攻击案例高度相似的 DNS 窃密流量数据。

(2)预测生成:在 DNS 窃密攻击原理范畴内,编辑各配置项的值来描述未来可能被攻击者使用的 DNS 窃密变体,即配置 MalDNS 系统预测生成未知的、符合攻击原理的 DNS 窃密流量数据。

2. MalDNS 关键功能设计与实现

MalDNS 系统设计为 C/S 模式,窃密客户端和服务端在对应阶段存在较大的关联性,如图 5-4 所示,每个阶段都完成了不同的透明传输任务。因此,MalDNS 系统划分为 4 个核心功能模块,分别是配置项管理、内容加工处理、数据嵌入与恢复、DNS 窃密传送,各部分的功能及模块间的协同工作情况如图 5-5 所示。其中,配置项管理部分的作用是处理面向用户的配置文件,并转化为 MalDNS 系统参数;而内容加工处理、数据嵌入与恢复、DNS 窃密传送三个模块则是一个完整的 DNS 窃密框架,按配置文件描述的方式执行 DNS 窃密任务,从而大批量生成 DNS 窃密流量数据。

1)配置项管理

配置项管理的主要功能是管理直接面向用户的众多配置项,并基于各配置项的值形成定制化的 MalDNS 系统参数,用于指导 MalDNS 系统生成所需的 DNS 窃密流量数据。配置项管理主要实现三个功能。

(1)预处理:对配置文件进行预处理,例如,读取配置项后执行分类提取、初始转化等,即基于众多配置项的值形成初始的系统参数集合。

(2)冲突处理:为了便于对照攻击报告进行定制化编辑,各配置项不可能做到

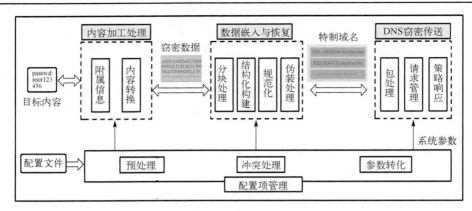

图 5-5　MalDNS 系统的功能模块设计

完全独立，那么存在相关性的配置项之间可能存在一些冲突的情况。冲突处理则对这些关联配置项的正确性进行必要的确认并反馈。例如，由用户编辑配置的子域标签最大长度为 63 字符，又指定窃密数据分片长度大于 63 字符；在未配置多级标签的情况下，就出现了参数冲突的情况，因此配置项管理中的冲突管理是很有必要的。

（3）参数转化：确认初始参数配置的正确性以后，配置项管理需要基于初始参数进行计算和转换，形成可供 MalDNS 系统直接使用的参数集合，便于生成系统在不同阶段直接调用。

2）内容加工处理

内容加工处理的主要功能是执行目标内容与窃密数据之间的编解码和转换处理，而且不同攻击案例使用的转换方法和流程可参照分析报告自行设计。从窃密数据传输的角度来看，内容加工处理则是完成了目标内容的透明传输。参考 DNS 窃密攻击 TTP，MalDNS 系统在内容加工处理阶段需要重点关注的技术要点如下。

（1）附属信息：在数据隐蔽传输和后续隐蔽使用的背景下，常常需要额外传递与目标内容有关的附属信息，这些附属信息在整个过程中发挥着关键作用。常见的例如：内容校验信息可用于校验窃密数据的完整性；而目标内容的文件名、所属受害主机标识等，则服务于目标内容的进一步使用。为了便于窃密传送和恢复，通常需要将目标内容、选定的附属信息、分隔符等按照预定规则进行结构化处理。

（2）内容转换：受限于 RFC 1034、RFC 1035 等 DNS 相关标准文档的规定，或服务于特定的攻击意图，窃密内容通常需要执行内容转换处理。常用的方法包括压缩、加密、编解码等。其中，编码转换在实际的攻击案例中是必不可少的，这是因为 RFC 1034 中规定：域名只能由数字、字母、连字符组成，然而原始目标内容不能完全符合域名的语法规范。

值得注意的是，窃密服务端的内容转换处理与客户端完全对应，即遵循与客户端相逆的内容编解码和转换方法，可以恢复得到目标内容及其附属信息。

3) 数据嵌入与恢复

数据嵌入与恢复主要完成窃密数据与窃密特制域名之间的转换，具体的窃密数据分片嵌入、提取和重组将基于相关配置项来完成。由于窃密特制域名直观体现在 DNS 流量数据上，其扩展性和还原能力是决定生成 DNS 流量数据多样性的重要因素之一。因此，数据嵌入与恢复的主要功能有以下几点。

(1) 分块处理：参考 DNS 标准协议有关域名、标签长度的规定，结合良性域名长度的统计分布，将窃密数据通过多个 DNS 请求完成窃密传送，即将窃密数据进行分块后对应编号，然后分别嵌入多个 DNS 请求中。

(2) 结构化构建：为了便于服务端恢复、提取窃密数据分片及其辅助字符串，窃密特制域名需要遵循预定义的结构进行构建。MalDNS 系统的目标之一是高度还原大量攻击案例中所采用的特制域名，即通过相关配置项值的编辑，能够还原各案例实际采用的特制域名结构。除此之外，MalDNS 还能通过配置项的修改执行预测生成，即基于 DNS 窃密攻击发展趋势预测未来可能被采用的特制域名结构，从而进一步扩展可能的变体空间。

(3) 规范化和伪装处理：为了使携带窃密数据的特制域名基本符合域名规范，弱化特制域名与正常域名之间的不必要差异，需要执行必要的域名规范校验和伪装处理。例如，构建的特制域名中避免出现非法字符，将域名的数字占比调整为正常域名的统计均值等。其中，域名规范化大多可以在设计内容编解码转换方案时同步考虑，然后在这一阶段进行非法字符校验和反馈即可。

分析实际攻击案例可以发现，分块处理和结构化构建是影响服务端提取、恢复目标内容成功率的关键因素。而规范化和伪装处理则是为了最大化 DNS 窃密的隐蔽性和穿透性，有效提升逃避检测的能力，也是实际 DNS 窃密攻击中的重要因素。

4) DNS 窃密传送

DNS 窃密传送主要涉及窃密 DNS 请求数据包的传送，以及服务端按预定义策略进行响应。在靶场环境下，捕获的窃密客户端和服务端之间的窃密 DNS 流量，即为所需的生成流量数据。窃密传送控制阶段需要重点实现包处理、请求管理、策略响应三方面的功能。

(1) 包处理：包处理在客户端主要依据窃密特制域名相关配置，构建 DNS 解析请求数据包并发出；相应地，在服务端识别并筛选窃密 DNS 数据包。参考攻击案例中的包处理方法，MalDNS 不需要特别定制窃密 DNS 数据包的格式，调用目标系统的 DNS 解析系统函数即可。

(2) 请求管理：对窃密 DNS 请求的管理直接影响生成流量数据的多个方面，

如 DNS 窃密数据包发送频率控制、窃密传送工作时间、DNS 请求方式等。在 MalDNS 系统中，窃密传送控制主要依据配置项进行请求管理，还可以通过配置项进行持续补充、扩展。

（3）策略响应：服务于攻击者的不同意图，需要按配置文件描述的响应策略，对收到的窃密 DNS 解析请求执行策略响应。

5.3　面向未知样本空间的 DNS 窃密检测方法

通过对 DNS 窃密攻击原理的深入了解，并对相关检测技术进行分析和总结，针对 DNS 数据泄露开源训练集不足的问题，本节在使用现有的开源工具流量替代真实攻击流量的基础之上，提出了基于 5.2 节中生成恶意流量作为检测模型训练集的数据集解决方案。

本节还提出基于 DNS 攻击原理的"特征集强化方案"，新增域名可读性、域名结构性、二级域名钓鱼性和 IP 离散性四类新的检测特征；运用所提出的"样本集强化方案"与"特征集强化方案"基于决策树算法实现了一种对未知样本具备高精度检测能力的 DNS 数据泄露检测模型。

5.3.1　数据集构建

本节收集了企业局域网一周的 DNS 流量作为白样本数据，共计 6574306 个流量包；在靶场内根据"样本集强化方案"实现并收集 DNS 数据泄露流量作为黑样本数据，共计 435264 个流量包。其中，白样本数据覆盖一天的各个时间段，黑样本数据涵盖目前披露过的 DNS 数据泄露流量和本节构建的预测攻击流量，即未被安全人员捕获到但符合攻击构造原理的 DNS 数据泄露流量。黑样本较以往常用样本有较大的增强，尤其是在域名长度、数字占比、大写字母占比、DNS 请求发起频率上的突破，从以往长域名、数字与大写字母占比大和 DNS 查询频率高的恶意流量常见的内容、行为特点转变为多元化的流量表现形式。

为了测试模型对未知样本的检测能力，本节收集 3 种常见的 DNS 数据泄露流量作为测试数据。考虑到 APT 工具与开源工具构造的流量应用于不同场景，可能会有不同的攻击需求，导致具备不同的流量特点，本节收集了这两类流量对检测模型进行未知样本测试，包括：①APT34 工具库中的工具 Glimpse；②GitHub 开源工具 DET；③GitHub 开源工具 DNSExfiltrator。

Glimpse 是 2019 年 Telegram 上泄露的 APT34 组织所使用的工具包中的一个 DNS 远程控制工具，该工具拥有两种通信模式，分别为使用 A 记录的 ping 模式和使用 TXT 记录的 text 模式。Glimpse 负责从 C2 服务器获取远程控制命令，随后通过 DNS 查询请求将命令执行结果发送至 C2 服务器。

　　DET 和 DNSExfiltrator 都是 GitHub 上的高星开源项目。DET 是一个测试和验证不同协议下数据泄露技术的工具箱,目前能够支持包括 DNS 在内的 5 种协议数据泄露技术的模拟;DNSExfiltrator 是专注于利用 DNS 进行数据泄露/隐蔽通信的开源工具。具体的样本集数据量情况如表 5-2 所示。

表 5-2　样本集数据量情况

流量类型	流量包/个
正常 DNS 流量	6574306
靶场 DNS 数据泄露流量	435264
APT34-Glimpse DNS 数据泄露流量	5350
DET DNS 数据泄露流量	13183
DNSExfiltrator DNS 数据泄露流量	23132

5.3.2　特征集构建

　　在当前的检测场景中,我们注意到攻击者主要利用 QNAME 字段来实施数据泄露行为,这可能导致其他特征发生变化,然而与 QNAME 字段相关的特征仍然呈现一定的变化模式。因此,为了在应对各种场景下的恶意代码变体时保持高效性,我们的方法基于攻击本质进行设计。具体而言,我们采取以不变特征应对多变特征的策略,以提高对未知特征恶意代码的检测能力。我们的特征集方案不仅包括本章提出的增强特征集,还整合了从现有研究中归纳分析选出的常见特征。最终,在所采用的检测特征中,涵盖了域名基础特征、DNS 请求与应答特征以及统计特征等多个方面。接下来,我们将对这些特征逐一进行详细介绍。

　　1. 常用特征选取

　　1)域名基础特征

　　在 DNS 数据泄露活动中,泄露数据由域名携带,所以一直以来检测技术研究人员研究的重点对象是域名本身。本节选取长久以来大量监测系统均选用的域名基础特征项,几乎所有攻击流量都无法避免地涉及其中一二。

　　(1)子域名长度。恶意域名的平均长度往往长于普通域名,这是因为恶意代码在收集好需要传出的信息后,需要对明文信息进行编码或加密,编码后的信息用于构造 C2 域名的子域名,而编码和加密会导致信息量下降。编码过程会扩充信息的长度,降低同长度字符串内携带的信息量。例如,Base16 编码需要两个 ASCII 字符来表示 1B 信息,这样信息泄露域名的信息携带率只有 50%,Base64 编码的信息携带率也仅有 75%。控制者对域名进行越多的编码操作会使域名的信息携带率越低。此外，一些标志信息是每一个域名必须携带的，否则 C2 服务器无法将收到的信息恢复成原文，而这些特殊信息需要和泄露信息一同用于构造子域名。正因为如此，尽管攻击者已经控制每个域名携带的信息量，但最终构造出来的子域名仍旧明显长于日常用户网络行为访问的域名。

(2) 子域名数字占比。被编码的数据常含有较多且分散分布的数字，本节选取数字占比作为特征能够区分大多数正常域名与携带信息域名。众所周知，DNS 协议的诞生就是为了帮助人们用便于记忆的字符串代替难以记忆的 IP 地址，减少人们在进行网络访问时的不便。日常访问的域名中数字占比不大，且数字常见于与品牌名称有关的 SLD 而非子域名，如 www.163.com。但是也不能够武断地判定所有子域名中携带大量数字的一定是非法域名。例如，一些视频网站将视频的 AV 号(相当于每个视频的身份编号)、分类号等编号信息作为子域名，以及在网络访问中遇到的一些广告页、商品页的子域名，均有可能由一些数字构成。在检测时，其他特征项的值可以中和这些特殊用途的域名可疑度。

(3) 子域名大写字母占比。除了数字，日常生活中使用的域名很少包含大写字母，但这并不是说 DNS 不能够处理大写字母拼写的域名。DNS 对域名中的字母大小写是不敏感的，也就是说大小写字母在 DNS 查询解析时是被同等处理的，a.example.com 和 A.EXAMPLE.COM 对 DNS 而言是等效的。在日常使用中，人们一般直接使用纯小写的域名或者仅在单词开头用大写字母书写的驼峰式域名。

但是 DNS 攻击中数据的域名对大小写是极其敏感的。因为在编码与解码中，大小写字母的含义是不一样的，如果不保留原有大小写格式，C2 服务器在收到信息后将无法正确解码数据。于是泄露数据的域名由大小写字母以及数字无规律混合构成。如果攻击者需要设计一种大小写不敏感的编码方式，该编码信息的信息量会大幅下降，攻击成本也大幅提高。目前还没有发现攻击者为了控制大写字母在编码后字符中出现的频率而专门设计一种编码方式的情况。

(4) 子域名信息熵。数据经过编码后信息熵增大，于是本节计算子域名的信息熵作为特征之一，并在计算信息熵的过程中区分字母的大小写。本节选取 DNS 查询域名子域名的信息熵作为特征。香农在信息论中引入了"熵"的概念，熵用于表示信息的不确定性。对于一个字符串，字符串的熵表示字符串的随机性，熵越大，随机性越大，信息度越低。

2) DNS 请求与响应特征

恶意软件在受控主机上执行远程控制命令的结果将分别写进多个域名中，通过请求这些域名的 DNS 解析来实现受控主机与 C2 DNS 服务器之间的数据传输，于是 DNS 查询流量非常值得关注。

(1) DNS 资源记录类型。在以往的恶意代码分析报告中，可以观察到常用的资源记录类型有 A、AAAA、TXT、CNAME、MX，而正常网络活动中常见的资源记录类型主要是 A 资源记录和 AAAA 资源记录。

（2）用户数据报协议（user datagram protocol，UDP）包内是否携带其他数据。Ahmed 等[22]指出，利用 DNS 进行数据泄露并不是只有域名部分能够携带信息。由于 DNS 协议在传输层使用的是 UDP，而 UDP 本身可以进行通信，所以也有攻击者将泄露数据写在 UDP 数据内，再在这个 UDP 包的基础上加上一个正常域名的 DNS 查询请求。当这个报文从 UDP/53 端口传出时，会被当作普通的 DNS 报文进行处理。

尽管数据由 DNS 查询请求传出，但网络攻击中的 DNS 应答包同样需要关注，因为 DNS 应答是攻击者远程将控制指令下发给各个受控主机的方式。本节分析归纳出四种常见的 C2 DNS 服务器应答方式：①C2 服务器不进行任何应答；②C2 服务器应答相同 IP 地址；③C2 服务器应答递增的 IP 地址；④C2 服务器配置错误，应答"域名不存在"错误信息。

除了应答内容外，应答的资源记录数量也具有一定的特点。如今人们日常频繁访问的网络服务多数部署在内部分发网络（content delivery network，CDN）上，部署在 CDN 上的服务在域名解析时会返回多个 IP 地址，而控制者为信息泄密定制的方案往往只会应答一个 IP 地址。于是本节提取 DNS 应答包中的应答码与应答 IP 数量作为检测特征。其中，应答码指的是 DNS 包中的 rcode 字段，该字段记录当前 DNS 应答包的状态，rcode 为 0 表示正常应答，1 表示报文格式错误（Format error），2 表示域名服务器错误（Server failure），3 表示域名错误（Name error），4 表示查询类型不支持（Not implemented），5 表示服务器拒绝应答（Refused）。

3）统计特征

统计特征表示用户在一段时间内的 DNS 活动情况，本节将这段固定长度的时间段称为"统计时间片"。本节选取时间片序号和时间片内 DNS 的请求频率、应答频率、查询成功率、同域请求占比、同域应答 IP 差异性作为检测特征。

每个时间片内用户的网络使用习惯各有不同，通过为每个时间片进行标号，本节实现了不同时间片的区分。不同时间片内根据用户不同的 DNS 行为习惯对所有特征的评判要求各有不同，也就是说在训练时每个时间片都学习了一套私有参数，在这个时间片内检测结果为正常的 DNS 流量在其他时间片中可能检测结果为非法流量。例如，高频率的 DNS 请求爆发在用户日常不活跃的时间窗口内，无论 DNS 请求的域名是否表现出异常，异常的 DNS 活跃行为都会使这些 DNS 请求的可疑程度提高。

本节还关注 DNS 请求的频率、应答频率以及成功率，因为 UDP 是无连接协议，丢包是正常现象，但是信息泄露流量的 DNS 请求与应答表现出来的特点并不能够完美模仿正常访问下 DNS 的情况。此处的应答频率指的是接收到 DNS 服务器返回的应答包与发出的 DNS 请求包的比率，而成功率指的是应答码为 0 的 DNS 应答包与发出的 DNS 请求包的比率。

2. 创新性特征提出

Sammour 等[30]系统总结了当前 DNS 流量检测模型中使用的特征，包括 6 类载荷特征和 9 类流量特征。这些特征中，包括"域名含数字或大写字母"等载荷特征和 NXDomain 等流量特征都是基于已知的恶意流量分析得到的。然而，在过去的 DNS 数据泄露案例中，恶意软件在域名长度、传输频率等方面经常进行调整。因此，提出构造原理的检测特征对于保持检测模型的精度至关重要，尤其是对于已知样本的变种和完全未知的样本。

APT34（又名 OilRig）是一个自 2014 年起在中东地区活跃的 APT 组织，其攻击目标包括金融、政府、能源、化工和电信等多个行业。自 2016 年起，APT34 攻击活动中涉及使用 DNS 泄露数据的行为。本章通过分析 APT34 在 2016~2018 年间使用过的 7 个 DNS 数据泄露软件，总结 DNS 数据泄露的攻击构造原理及恶意软件迭代升级中的变化。同时，提出了域名结构性、二级域名钓鱼性、域名可读性等特征，以及攻击者部署 C2 DNS 服务器时硬编码的应答方式所具有的 IP 离散性特征。

1）域名结构性与二级域名钓鱼性

本章发现同一恶意活动中产生的 DNS 数据泄露流量存在一定的结构相似性，即不同子域名之间具有一些公共的字符串片段。由于 DNS 数据泄露流量的构成方式是固定的，同一次数据泄露活动中所携带的部分标志信息是相同的，如系统标识符、文件名、受控主机 ID 等，这些标志信息不仅具体内容相同，它们相对于泄露数据的位置也是一样的，导致同一次恶意活动中，不同的 DNS 数据泄露流量的域名存在相同的结构。本章从恶意活动的逆向分析中收集、对比了 APT34 使用过的各个软件的域名构造方式，如表 5-3 所示。

表 5-3　APT34 DNS 武器库工具域名构造方式统计表

时间	恶意代码	域名构成方法	二级域名
2016 年	Helminth[31]	00\<Sys>\<FN>\<Pid>\<RN>\<D>.go0gie.com	go0gie.com
2017 年	ALMA Dot	\<RN>.IDID.\<Vid>.\<Pid>.\<SP>.\<D>.\<FN>.newuser.tk	newuser.tk
2017 年	ISMAgent[32]	\<D>\<Pid>.d.\<Vid>.ntpupdateserver.com	ntpupdateserver.com
2017 年	BONUPDATER	\<RN>4\<Wid>\<Sys>B007.\<D>.poison-frog.club	poison-frog.club

时间	恶意代码	域名构成方法	二级域名
2017 年	ALMA Dash	<RN>ID<Vid><Pid>-<SP>-<D>-<FN>.prosalar.com	prosalar.com
2018 年	QUADAGENT	<D>.<Wid>.acrobatverify.com	acrobatverify.com

注：系统标识符—<Sys>，文件名—<FN>，包序号—<Pid>，随机数—<RN>，被泄露数据—<D>，受控主机 ID—<Vid>，总包数—<SP>，任务序号—<Wid>。

具体地，本章使用"相同字符总数"与"最大公共子串长度"两个子特征来描述同一二级域名下不同子域名之间的结构相似性。相同字符总数是指两个域名中相对位置相同的字符数，最大公共子串长度是指所有公共子串中最长的公共子串长度。正常 DNS 查询域名没有固定结构，而同一次恶意活动中的 DNS 查询域名具有相同的结构，相应地，正常流量几乎不会有大量字符相同的情况，也不会具备较长的公共子串，而恶意流量所携带的标志信息会成为它们之间的相同字符，且存在较长的公共子串。为了验证上述分析，本章对开源数据集进行了这两个特征项的统计分析。

此外，在恶意流量的分析中，本章发现攻击者为了使恶意流量更具迷惑性，偏向于注册视觉上与高可信域名相似的 C2 域名，如 go0gie.com 与 google.com，本章将这样的二级域名称为具有钓鱼性质的 C2 域名。在模型中，计算 C2 域名钓鱼性的具体方法是，计算 DNS 查询中的二级域名与 Alexa top 50 域名的相似性，本章使用莱文斯坦(Levenshtein)距离来表征域名与高可信域名的相似性。

2) 域名可读性

在数据泄露构造程序流程图的过程中，被泄露数据需要经过一系列的编码过程，如 Base64 编码、Base32 编码、Hex 编码等，在必要时攻击者还会对泄露数据进行加密。编码、加密过程使泄露数据的域名变成一个随机序列，然而日常使用中，为了帮助用户记住网站，正常的域名往往会具有较强的可读性。

本章使用"单词数"与"最大单词长度"两个子特征来表述域名的可读性。根据语言学统计资料，大多数单词的长度在 3～6 个字符的范围内。本章使用 NLP 工程中常用的分词工具 Wordninja 尝试将域名进行分词，若一个域名由多个单词构成且最大单词长度合理，则认为该域名可读性良好，若域名中提炼不出单词或最大单词长度异常，则认为该域名可读性差。

尽管在统计分布上黑白样本的分布区域出现了重叠，但是可以发现黑白样本的聚集点与极值存在一定差异，当与其他特征结合时可以为模型带来更准确的判断结果。

3) IP 离散性

攻击者为了使 DNS 数据泄露流量与正常的 DNS 查询行为相同，在部署 C2 服务器时会制定服务器对 DNS 数据泄露查询流量的应答规则。常见的应答规则主要有两种，一种是使用固定的 IP 进行统一应答，另一种是随机生成一个初始应答 IP，随后的应答 IP 呈递增或者递减的规律，本章称这种应答 IP 相同或者连续的情况为 IP 离散性差，反之称为 IP 离散性好。连续的应答 IP 比唯一的应答 IP 增加了一个消息确认的功能，受控端可以通过接收到的应答 IP 确认传输过程中的丢包情况，定位到丢失的 DNS 数据泄露包并对其进行重传。然而正常的网络服务中，尽管也会存在少量的不同子域名的服务器部署在同一 IP 自治区内的情况，但是不会呈现递增、递减这样的 IP 紧邻的情形。本章给出一个 DNS 正常查询与 DNS 数据泄露流量的应答 IP 的对比示例，如表 5-4 所示。

表 5-4　正常 DNS 查询与恶意 DNS 查询应答 IP 对比表

类型	域名	应答 IP
离散	www.baidu.com	39.156.66.14
	pan.baidu.com	112.34.111.108
	tieba.baidu.com	112.34.111.194
相同	pevtF6152454441435445443130316447567a6443317a65584e305a57303d.windows64x.com	1.2.3.4
	diosk6152454441435445443130324c575a3064773d3d.windows64x.com	1.2.3.4
	weDlz615245444143544544313033.windows64x.com	1.2.3.4
递增	241b400096923000009438C50T.COCTab76663233333322222222222235E41A485904AAAAAAAAAAAAAAA.76663235E41A.malicious.com	41.2.3.1
	41b496900122300000F3AE4BC78T.2544232302EECD03232666033025765046D1E4A523F3A3000F2AACCAF02F.76663235E41A.malicious.com	41.2.3.2
	41b002496923200000C95C39T.67667225442546666625766767233453520804 6D8381E750029E4520201.76663235E41A.malicious.com	41.2.3.3

本章结合上述提出的新特征与已有研究中的重要特征组成了本章检测模型所需提取的 16 个检测特征，如表 5-5 所示。

表 5-5　本章 DNS 流量检测模型所用特征集

特征类型	沿用特征	新增特征
域名基础特征	子域名长度，子域名数字占比，子域名大写字母占比，信息熵	二级域名钓鱼性
域名可读性特征	—	子域名单词数，子域名最大单词长度
域名结构性特征	—	相同字符总数，最大公共子串长度
DNS 请求&应答	UDP 包内是否携带其他数据，DNS 资源记录类型，应答码，应答 IP 数	—
统计特征	DNS 请求-应答比，DNS 请求频率	IP 离散性

5.3.3　检测模型训练

本章运用前面所述的数据集训练一个迭代二叉树 3 代(iterative dichotomiser 3, ID3)决策树，网格搜索的方式自动化组合不同的超参数生成多个决策树，再使用 5-fold 交叉验证的方法评估每一棵树的检测精度，最终能够选出最优的一棵树作为最终的检测模型。下面介绍网格搜索与 k-fold 交叉验证方法。

如果直接生成一棵完整的决策树，容易导致过拟合的问题，所以需要对树的生成进行一些限制与干预，通过超参数可以实现树的预剪枝。过拟合和欠拟合是机器学习模型训练过程中常见的两个问题。过拟合是指模型对于训练数据的拟合过度，反映到测试评估中，就是模型在训练集上表现很好，但是在测试集和新的数据上表现较差。欠拟合是指模型在训练和测试时表现都很差。

通过对决策树进行剪枝，能够提升它的泛化能力。通常有预剪枝和后剪枝两种方法，本章使用的是预剪枝的方法。预剪枝是指在生成决策树的过程中提前中止决策树的生长，它的核心思想是在树中的节点进行扩展之前，先计算当前的划分是否能够带来模型泛化能力的提升，如果不能，则不生长当前子树。此时可能存在不同类别的样本同时存在于节点里,按照投票原则来判断该节点所属的类别。具体地，预剪枝停止决策树生长有 3 种方法：①树达到了指定深度，停止树继续生长；②当前节点的样本数量小于指定阈值时，停止树继续生长；③计算每次分裂对测试集的准确度提升，当小于某个阈值的时候，停止树继续生长。

本章采用预剪枝方法，使用"最小样本数量"作为剪枝的超参数，并使用网格搜索方法来选择合适的超参数值。网格搜索通过遍历指定搜索范围内的超参数值，以步长为单位移动，寻找最优值。为了提高搜索效率，先使用较大的搜索范围和步长，找到可能出现全局最优的范围，然后缩小搜索范围和步长，确定超参数的最优值。

在决策树模型评估中，本章使用 k-fold 交叉验证的方法。具体地，先将全部样本划分成 k 个大小相等的样本子集，依次遍历这 k 个子集，每次把当前子集作为验证集，其余子集作为训练集，进行模型的训练和评估。

通过网格搜索，本章最终选定的最小样本数量为 1000，该决策树的 5-fold 交叉验证准确率为[1.0，1.0，1.0，0.9999，1.0]。

通过上述方式，我们可以利用机器学习算法进行检测模型建模。但是，当机器学习模型用于实际检测的过程时，需要面向大量流量检测，即使高精度模型，仍然存在着大量误报问题。例如，0.1%的误报率在 1 亿条流量的场景下，误报就高达 10 万条，这是实际检测中所无法忍受的。所以我们需要将"人"引入回路，解决"最后一公里"的不确定性判别问题。

5.4　实际应用中的"最后一公里"问题

人工智能赋能检测实际应用过程面临误报率过高而无法落地使用的问题，例如，0.1%的误报率在 1 亿条流量的场景下，误报就高达 10 万条，这是实际检测中所无法忍受的。所以我们基于 DNS 窃密数据场景提出一种主机粘随机制来解决这一重要问题。围绕未知攻击检测中普遍面临的"最后一公里"困境，我们将确定性决策转换为动态人机交互决策，为阻断攻击提供判断依据。对可疑主机进行粘随，综合系统检测结果、域名信誉评估、用户交互判别等多角度观测方式，建立对恶意域的协同异常判别体系，实现对恶意域的精准拒止。

粘随机制的核心是对人工智能模型识别出的可疑主机进行拦截，让其进一步参与验证。为了解决不确定性问题，需要在判断回路中引入"人"来提供外力进行验证。在拦截到验证完成的过程中，可疑主机无法正常使用。如果没有可疑现象，则不会触发粘随机制进行验证；一旦出现可疑行为，需要强制主机进行进一步验证，否则无法正常使用。我们所提出的强制可疑主机进行进一步验证的方式，可以进行适当修改后用于其他人工智能驱动的检测的实际应用，也可用于其他威胁行为发现的确定性决策。利用动态人机交互技术、威胁检测与响应等技术，搭建恶意域检测、防御一体化系统，从攻击根源阻断针对敏感设备的窃密行为，达到精准防护的效果。同时，以 DNS 窃密为索引，可以挖掘更多隐藏的未知 APT 攻击。

根据粘随机制给出的判定结果，我们对恶意域名进行进一步的阻止。通过对攻击机制的分析，我们认为防止基于 DNS 的数据外泄的有效方法是防止后续对相应域的有效访问，即发送的请求无法成功到达攻击者搭建的恶意名称服务器。通过设置防火墙规则或在本地 DNS 服务器上进行配置，将所有对恶意域的访问解析为固定 IP 或禁止访问，以防止恶意活动。同时，可以将恶意域上报给安全厂商，共同抵制恶意域所涉及的恶意活动。

5.5　实验与结果分析

5.5.1　恶意流量自动生成

1. 数据说明

本书设计和实现的 MalDNS 系统，既能参考案例分析报告进行还原生成，也可以在 DNS 窃密原理范畴内进行预测生成；而且现有系统基本能够还原已有案例分析报告中呈现的 DNS 窃密攻击模式(具有相似数据结构、处理流程的, 则属于同一种 DNS 窃密模式)。

MalDNS 系统实现了一个完整的 DNS 隐蔽通道框架, 该框架在模拟实验环境下部署了 MalDNS 客户端和服务端。根据配置文件中的设定, 系统能够有效地执行 DNS 隐蔽通信任务。当用户需要生成 DNS 隐蔽通道流量数据时, 他们可以根据需求来定制配置文件并指定所需的目标内容集。接着, 系统捕获执行 DNS 隐蔽通信活动时产生的通信流量, 从而生成所需的流量数据。在这个过程中, 定制多种 DNS 隐蔽通信模式的配置文件可以提高生成流量数据集的全面性, 这些模式的设计基于对拟还原目标案例或预测性攻击变体的理解。而目标内容集则根据流量数据规模需求进行指定, 以确保生成的流量数据具有可控性。同时, 通过自行指定目标内容集, 还能够避免在数据集共享时可能涉及的隐私问题。

本次实验所使用的目标内容集选自 Ubuntu 系统 "/etc/" 路径下的默认文件, 包含选定的 enviroment、passwd、profile 等文档共 100 个, 文档大小共 287KB。为了方便描述和区分, 由 MalDNS 系统生成的流量数据以 "MDG-×××" 命名, 而且对应配置项组合以还原××× 窃密活动为目标。例如, MDG-Glimpse 表示对应流量数据由 MalDNS 系统生成, 且配置文件配置项的组合以还原 APT34-Glimpse 所实现的 DNS 窃密攻击模式为目标。

由于真实 DNS 窃密攻击流量数据的紧缺, 本次实验使用的真实数据主要来源于靶场环境下的攻击场景复现。具体地, 在 APT34-Glimpse 源码泄露后, 基于收集到的 Glimpse 完整代码文件进行攻击场景复现和分析, 捕获其执行 DNS 窃密攻击活动的流量数据。与此同时, 近几年相关检测类工作常使用 DET 作为主要数据来源, 调研发现 DET 是利用 DNS 执行数据窃取的代表性开源项目, 而且 DET 能较好地完成 DNS 窃密任务。因此, 本章也复现并捕获了 DET 执行 DNS 窃密活动的真实流量, 作为对比样本数据之一。

2. 生成数据评估

本章研究设计的初衷是为人工智能模型用户大规模生成可用的、完备度可调的 DNS 窃密流量数据, 生成数据的有效性是基本要求。得益于部署、运行的完整 DNS 窃密框架, 窃密任务执行情况即可作为生成流量数据有效性的直接证明, 且用户易于统计、验证。

为了评估 MalDNS 系统生成的 DNS 窃密流量数据的有效性, 结合课题小组已有真实 DNS 窃密流量数据积累情况, 本节主要以还原生成 APT34-Glimpse 和开源工具 DET 的流量数据展开分析, 对应生成的流量数据分别是 MDG-Glimpse 和 MDG-DET。然后展开生成数据与真实数据的对比分析。

针对上述指定目标内容集, 不同配置的 MalDNS 系统实际执行 DNS 窃密任务

统计情况（部分）如表 5-6 所示，其中统计数据都是 3 次以上重复实验的均值，DNS
数据包总量是指不同变体完成窃密任务所需的 DNS 包数量，成功数量是窃密服务
端成功恢复目标内容的数量。

表 5-6　MalDNS 系统窃密任务执行情况

序号	工具变体	配置目标类型	DNS 数据包总量	成功数量	成功率
1	MDG-efficent	预测生成	807	100	100%
2	MDG-stealthy	预测生成	9094	100	100%
3	MDG-Glimpse	还原	3438	100	100%
4	MDG-DET	还原	4114	100	100%

在正常网络情况下，如表 5-6 所示，不同参数配置的 MalDNS 系统能够较好
地执行窃密任务，DNS 窃密成功率为 100%。实验结果表明，MalDNS 系统具备
良好的预测和还原生成能力，完全可以胜任 DNS 窃密流量生成任务，稳定的窃密
成功率证明生成数据是有效的。与已有开源项目 DET、DNSExfiltrator 相比，DNS
窃密任务执行成功率更高。分析全部实验过程中曾经出现的 1 次恢复失败的主要
原因是：极差的网络环境导致了 UDP 丢包个例，致使某窃密 DNS 请求未到达服
务端；这不属于本章关注的范畴。

与此同时，本章方法生成的 DNS 窃密流量数据主要服务于人工智能模型训
练，评估生成数据在人工智能模型视角下的表现情况也是必要的。具体思路是：
综合选用多数论文中的常用特征，分别对真实的 DNS 窃密流量数据和生成的 DNS
窃密流量数据进行特征处理，并展开对比分析。

参考近几年 DNS 窃密检测工作中的常用特征，本章选取其中近 20 项关键特
征对 DNS 窃密流量进行特征提取。选用的域名基础类特征如子域名长度、子域名
数字占比、子域名公共子串及其占比等；也选用了 DNS 响应 IP 规律、DNS 请求-
应答比、DNS 请求频率等其他特征。

为了更好地对比生成数据与真实数据之间的差异性，使用目前主流的等度量
特征映射（isometric feature mapping，ISOMAP）算法，将特征处理后的生成数据集
和真实数据集降至三维空间。生成数据与真实攻击数据的空间分布高度拟合，这
表明 MalDNS 生成系统具备高度还原目标 DNS 窃密攻击的能力，在人工智能模
型视角下生成数据集与真实攻击流量数据集在空间分布上高度拟合。因此，应用
本章方法生成的流量数据训练人工智能模型，其效果可与真实攻击数据相媲美。

5.5.2　人工智能赋能的检测模型测试

1. 检测模型测试

本章已经实现了一个对已知样本具有高检测精度的 DNS 流量决策树检测模

型，但是研究目标不仅仅是实现一个对已知攻击具备高检测能力的检测模型，而是对已知攻击和已知攻击的变种甚至未知攻击都能够保持高检测精度的检测模型。于是本章对应提出了样本集强化方案和特征集强化方案两个方案来提升检测模型对于未知攻击流量的检测能力。在测试阶段，本章使用事先准备好的目前网络上可能会出现的真实攻击流量作为测试集中的恶意流量部分，将这些恶意流量与正常的 DNS 流量混合在一起，测试本章检测模型对未知攻击流量的检测精度。由于本章的检测模型是完全由靶场流量训练而成的，所以这些真实攻击流量对于目前阶段的决策树检测模型来说是未知的攻击流量。

在测试阶段，为了更直观地获取检测模型对测试流量的检测情况，本章进行了更详细的模型评估，使用混淆矩阵(confusion matrix)、检测率(detection rate)和误报率(false negative rate)作为模型检测未知样本能力的量化评价指标。

混淆矩阵可以更详细地衡量分类器分类的准确程度，它是一个由真阳性(true positive，TP)、真阴性(true negative，TN)、假阳性(false positive，FP)以及假阴性(false negative，FN)构成的 2×2 矩阵。

TP 表示样本的真实类别是正例且预测为正例的样本数量；TN 表示样本的真实类别是负例且预测为负例的样本数量；FP 表示样本的真实类别是负例但是预测为正例的样本数量；FN 表示样本的真实类别是正例但是预测为负例的样本数量。

由于在真实的网络环境中，恶意流量的占比非常小，在测试时也存在黑白测试样本比例差距较大的情况，所以本章使用检测率而不是准确率(accuracy)来评价检测器，即所有恶意样本中检测模型检测出来的样本占比。从不影响用户正常网络访问活动的角度考虑，本章也关注检测器的误报情况，即正常样本被判定为恶意样本的比例。检测结果如表 5-7 所示。

表 5-7　本章模型未知样本集测试结果

模型	未知样本	混淆矩阵 TP | FN FP | TN		检测率	误报率
本章模型	APT34-Glimpse	581225	0	99.85%	0
		8	5342		
	DET	581225	0	100%	0
		0	13183		
	DNSExfiltrator	581225	0	100%	0
		0	23132		

通过对漏报流量的定位分析，我们发现漏报流量均为受控主机对 C2 域名本身的 DNS 查询，并未携带任何泄露信息。本章认为这些流量确实由恶意软件产生，但是并不存在恶意行为，属于灰色流量，这些漏报是当前检测模型可以接受的。

2. 特殊样本实验

除了测试本章模型对未知 DNS 数据泄露流量的检测能力和本章所述强化方案的有效性，本章在研究过程中还注意到日常中有这样一些特殊的正常 DNS 流量，它们的应答 IP 相同，且域名的分词结果并不理想。这些 DNS 查询常见于同一地区不同政府机构的官方网站，它们的域名均为该地区政府网站的子域名且由同一个 Web 服务器进行管理，导致 DNS 解析结果相同；同时，这些子域名常以拼音的缩写构成，导致用户可以快速明白域名的含义但是分词函数无法从中提炼出词语。本章使用自动化脚本调用 Dig 指令轮询我国某市官网的二级域名 city.gov.cn(city 处原为该城市拼音，此处脱敏表示)下的各子网站，收集这类特殊的 DNS 流量，用以测试本章模型对这类具备部分恶意样本特点的未知白样本是否能够准确判断。实验使用 5350 个日常 DNS 流量包和 1146 个特殊 DNS 流量包作为测试的白样本，3000 个未知的恶意工具流量包作为测试的黑样本，共同合成一个混合测试样本集。在该实验中选取的未知恶意样本为 DET 流量，因为 DET 流量与这些特殊的正常流量一样，使用相同的 IP 进行 DNS 应答。实验结果显示，检测模型准确判断了 6496 个白样本与 3000 个黑样本，实验测试的特殊 DNS 流量示例如表 5-8 所示。

表 5-8　特殊 DNS 流量白样本

DNS 查询域名	DNS 应答 IP
zrzy.city.gov.cn	221.178.181.229
zx.city.gov.cn	221.178.181.229
jy.city.gov.cn	221.178.181.229
crtt.city.gov.cn	221.178.181.229
cz.city.gov.cn	221.178.181.229

这些特殊样本与恶意样本最大的共同点是 IP 离散性差，此外，由于实验中的流量使用 Dig 指令轮询获取，所以在较短时间内对 city.gov.cn 的访问频率是相对较高的。尽管这类未知白样本在个别检测特征项上与恶意流量表现相同，但是综合所有检测特征考虑后，本章模型对特殊的 DNS 流量仍能够保持判断准确。

3. 文献工作复现与对比实验

为了对比本章所述 DNS 流量检测模型与已有模型对未知样本的检测效果，本章使用现有工作开源的数据集复现该文献所述检测特征集，基于随机森林算法实现了一个检测模型[22](下文称为"复现模型")。

开源样本集包含多个 APT 攻击中的 DNS 数据泄露域名，共 1405518 个域名。特征集包含论文所述的所有检测特征，分别为：①域名长度；②子域名长度；③大写字母字符数；④数字字符数；⑤信息熵；⑥标签数；⑦最大标签长度；⑧平均标签长度。

同样先对复现模型进行 5-fold 交叉验证，验证结果以及时间消耗情况对比如表 5-9 所示。

表 5-9　本章模型、复现模型五折交叉验证结果统计表

模型	分组	训练耗时/s	测试耗时/s	准确率/%	召回率/%
本章模型	#1	14.1171	1.9528	100	100
	#2	14.6294	1.9424	100	100
	#3	14.2645	1.9692	100	100
	#4	14.1334	1.9582	99.99	100
	#5	14.1310	1.9821	100	100
复现模型	#1	7.3283	1.2942	100	100
	#2	7.9592	1.3048	100	100
	#3	7.9507	1.3221	100	100
	#4	7.8166	1.3912	100	100
	#5	8.2548	1.2934	100	100

在时间消耗对比上，由于本章的特征更多且特征的提取计算也更为复杂，所以本章模型的耗时较复现模型要更长一些。接下来，在复现模型上进行未知攻击流量测试，测试结果如表 5-10 所示。

表 5-10　复现模型未知样本集测试结果

模型	未知样本	混淆矩阵 TP | FN	FP | TN	检测率	误报率
复现模型	APT34-Glimpse	581209	16	98.71%	0.02‰
		69	5281		
	DET	581209	16	98.02%	0.02‰
		263	12920		
	DNSExfiltrator	581209	16	99.79%	0.02‰
		48	23084		

复现模型对未知样本的检测能力整体上表现良好，但是本章在对复现样本中出现的漏报与误报流量进行人工审查时发现情况并非如此。在审核中发现，误报的流量主要是一些网络服务中随机生成的一次性统一资源定位符(uniform resource locator，URL）以及域名含有数字、熵较大且长度较短的正常 DNS 查询，如 rntqhg41nhg.kuaizhan.com。而漏报流量都具有子域名长度较其余恶意流量更短的特点，测试集中的恶意流量子域名平均长度为 132 个字符，而漏报样本中最长的子域名长度仅 47 个字符。这类较其他恶意流量长度短很多的恶意域名产生于两种情况，一种发生在数据泄露之前，恶意软件通过 DNS 流量与 C2 服务器确认窃取任务；另一种发生在数据泄露时，由于所需泄露的数据量过大，单次 DNS 查询无法传输所有数据，恶意软件会对泄露数据进行切片处理，切片过后可能会剩余较少的数据独立作为最后一次 DNS 数据泄露的传输。漏报、误报的部分样本如表 5-11 所示。

表 5-11　　漏报、误报样本示例

模型	错误类型	检测错误样本
本章模型	Glimpse 漏报	malicious.com（指代 C2 域名，此处为脱敏处理）
复现模型	误报	d3cv4a9a9wh0bt.cloudfront.net
		rntqhg41nhg.kuaizhan.com
	Glimpse 漏报	41b49692M000304EC98T.malicious.com
		0004M1b49692301EC01T.malicious.com
	DET 漏报	JaSiDgX36376366623738306133.malicious.com
		ofuZehM6537616539623565326435316631333865363734.amoo n.website
	DNSExfiltrator 漏报	init.MVXHM2LSN5XG2ZLOOR6DC.base64.malicious.com
		init.MZ2XGZJOMNXW4ZT4GI.base64.malicious.com

经过对漏报和误报流量的共同点进行分析，本章认为复现模型对于长度较短、含有数字且信息熵较大的域名均会产生错误的判断，这些样本对于复现模型而言处于样本空间的灰色地带，复现模型无法对具备这样特点的流量保持精准的判断。而复现模型能够对测试样本中绝大多数的未知攻击流量达到很好的检测效果，是因为所使用的测试流量其实是网络中已经出现过的攻击，它们和复现模型自身的训练数据集是较为相似的，而少部分不相似的恶意流量，对于复现模型来说才是真正意义上的未知攻击流量。由此，针对未知样本提出的强化方案是有必要的。

4. 复现模型上的强化对比实验

本章在复现模型上分别进行了样本集强化、特征集强化以及双向强化三个对比实验，对比复现模型在经过强化后对未知样本的检测能力变化情况。测试结果如表 5-12 所示。

表 5-12　强化方案实验结果

未知样本	检测率				误报率			
	复现模型	样本集强化	特征集强化	双向强化	复现模型	样本集强化	特征集强化	双向强化
APT34-Glimpse	98.71%	96.37%	99.33%	99.85%	0.02‰	0.17‰	0.11‰	0.26‰
DET	98.02%	99.65%	99.98%	99.96%	0.02‰	0.17‰	0.11‰	0.26‰
DNSExfiltrator	99.79%	99.96%	99.18%	99.96%	0.02‰	0.17‰	0.11‰	0.26‰

在样本集强化对比实验中，本章保持复现模型使用的检测特征集不变，更换训练样本中的恶意样本为本章的靶场流量样本集，对训练后的新模型进行了同样的未知样本检测测试。测试结果显示，样本集强化后的模型对于两个未知工具流量的检测率均有提高，但是误报率有所提升且对于未知 APT 流量的检测率下降。经过对误报与漏报流量的人工审核，发现在训练样本集的多样性被丰富后，模型的各个特征对应权重产生了变化，"数字字符数"和"域名的熵"这两个特征的权重有所提升，导致检测模型对含数字较多的正常 DNS 流量与熵较小的 DNS 数据泄露流量产生了错误判断。而检测率提高的原因是多元化的训练样本减轻了检测模型对域名长度的依赖性，使部分原来无法检测出来的未知工具流量被判断为恶意 DNS 流量。

在特征集强化对比实验中，本章保持复现模型使用的训练样本集不变，替换检测模型所使用的检测特征集。由于开源样本集为 DNS 域名数据，是字符串数据集，而不是 DNS 流量数据集，导致本章模型所使用的"DNS 请求&应答"和"统计特征"两类需要从流量中提取信息的特征类无法应用到复现模型的强化实验中，所以最终运用在复现模型上的仅是部分特征集强化方案。特征集强化后的复现模型同样较原模型产生了更多的误报，以及一个未知工具样本的漏报率上升，仍旧没能全面提升未知样本的检测率。但是相较于样本集强化方案实验组，特征集强化方案实验组对未知样本的检测能力更为稳定，说明只丰富训练集的多样性而不从检测特征上完善模型能够达到的强化效果是有限的。

双向强化实验组是前面两组实验的结合，双向强化后的复现模型与本章模型的主要区别在于检测特征集的完整性。如前所述，复现模型上实现的特征集强化并不是本章所述强化特征集的完整方案，不仅缺乏已有工作中关注的一些 DNS 流量中的行为信息，还缺乏本章基于对 C2 服务器运作机理研究所提出的 IP 离散性特征。在双向强化实验组的测试结果中，可以看到三种未知样本的检测能力均有提升，但还存在一些漏报以及误报情况。对比本章模型在三组未知样本测试中的检测效果可以推断，流量相关的检测特征对 DNS 检测模型更准确地识别流量是具有独特价值的。

综上，经由三组强化对比实验的结果分析，本章认为"样本集强化方案"与"特征集强化方案"这两个强化方案单一作用于检测模型时能够使检测模型对未知样本的检测能力提升，但同时也会引入一些新问题；而当二者同时作用于检测模型时，检测模型对未知样本的检测能力能够得到全面提升。

5.6　本章小结

本章介绍了 DNS 窃密流量检测技术，该流量检测技术运用了本章创新性提出的检测模型样本集强化方案与特征集强化方案。样本集强化方案中，使用了本章自生成的高质量恶意流量；特征集强化方案中，使用了本章基于构建机理提出的攻击者在此场景下难以绕过的检测特征。通过这两个强化方案的加持，检测模型能够对已知的和未知的攻击流量均达到优秀的检测效果，为面向多变体的有效检测提供了可能。为了有力地证明本章所述的两个强化方案的有效性，本章复现了一个检测模型作为对照组，并在复现模型上依次运用本章的两个强化方案，实验结果表明，两个强化方案均能够提升检测模型对未知样本的检测能力，且共同运用时强化效果会更佳。同时，为了解决实际部署时产生的"最后一公里"误报问题，我们将"人"引入回路，将确定性决策转换为人机交互决策，使检测系统可以更好地应用到实际检测任务中。

参 考 文 献

[1] Tobiyama S, Yamaguchi Y, Shimada H, et al. Malware detection with deep neural network using process behavior[C]// Proceedings of the 2016 IEEE 40th Annual Computer Software and Applications Conference (COMPSAC), Atlanta, 2016: 577-582.

[2] Rhode M, Burnap P, Jones K. Early-stage malware prediction using recurrent neural networks[J]. Computers & Security, 2018, 77: 578-594.

[3] Homayoun S, Ahmadzadeh M, Hashemi S, et al. Botshark: A deep learning approach for botnet traffic detection[C]// Cyber Threat Intelligence, Berlin, 2018: 137-153.

[4] Marín G, Casas P, Capdehourat G. Deep in the dark-deep learning-based malware traffic detection without expert knowledge[C]// Proceedings of the 2019 IEEE Security and Privacy Workshops (SPW), San Francisco, 2019: 36-42.

[5] Prasse P, Machlica L, Pevný T, et al. Malware detection by analysing encrypted network traffic with neural networks[C]. Joint European Conference on Machine Learning and Knowledge Discovery in Databases, Stuttgart, 2017: 73-88.

[6]　Fu C. Research and implementation of attack traffic generation technology[D]. Beijing: Beijing University of Posts and Telecommunications, 2017.

[7]　Wang X T, Wang Y W, Li P. Design and implementation of self-similar network traffic generator[J]. Microelectronics & Computer, 2016, 33(8): 54-58.

[8]　Wang Y J, Xian M, Chen Z J, et al. Design and realization of a network attack generator[J]. Computer Science, 2007(2): 64-67.

[9]　Peng D. Research and implement of network attack data generation[D]. Beijing: Beijing University of Posts and Telecommunications, 2010.

[10]　SensePost/DET. GitHub[EB/OL]. [2020-03-31]. https://github.com/sensepost/DET.

[11]　Chen J H, Wang Y J, Lv C. An automated network attack traffic acquisition method based on python symbol execution[J]. Computer Applications and Software, 2019, 36(2): 294-307.

[12]　Zhu J Y, Park T, Isola P, et al. Unpaired image-to-image translation using cycle-consistent adversarial networks[C]// Proceedings of the IEEE International Conference on Computer Vision, Venice, 2017: 2223-2232.

[13]　Luan F, Paris S, Shechtman E, et al. Deep photo style transfer[C]// Proceedings of the IEEE Conference on Computer Vision and Pattern Recognition, Honolulu, 2017: 4990-4998.

[14]　Goodfellow I J, Pouget-Abadie J, Mirza M, et al. Generative adversarial networks[C]// Annual Conference on Neural Information Processing Systems (NeurIPS), Montreal, 2014: 2672-2680.

[15]　Lee W, Noh B, Kim Y, et al. Generation of network traffic using WGAN-GP and a DFT filter for resolving data imbalance[J]. Internet and Distributed Computing Systems, 2019: 306-317.

[16]　Jiang N, Cao J, Jin Y, et al. Identifying suspicious activities through DNS failure graph analysis[C]//IEEE International Conference on Network Protocols, Kyoto, 2010: 144-153.

[17]　Kara A M, Binsalleeh H, Mannan M, et al. Detection of malicious payload distribution channels in DNS[C]// 2014 IEEE International Conference on Communications (ICC), Sydney, 2014:853-858.

[18]　Exfild T F. A tool for the detection of data exfiltration using entropy and encryption characteristics of network traffic[C]//Proceedings of the 5th International Conference on Security of Information and Networks, Budapest, 2012: 131-137.

[19]　Aiello M, Mongelli M, Muselli M, et al. Unsupervised learning and rule extraction for domain name server tunneling detection[J]. Internet Technology Letters, 2019, 2(2): 85.

[20]　彭成维, 云晓春, 张永铮, 等. 一种基于域名请求伴随关系的恶意域名检测方法. 计算机研究与发展[J]. 2019, 56(6): 1263-1274.

[21]　Preston R. DNS tunneling detection with supervised learning[C]. 2019 IEEE International

Symposium on Technologies for Homeland Security（HST），Woburn，2019:1-6.

[22] Ahmed J, Gharakheili H H, Raza Q, et al. Monitoring enterprise DNS queries for detecting data exfiltration from internal hosts[J]. IEEE Transactions on Network and Service Management, 2020, 17（1）: 265-279.

[23] Liu F T, Ting K M, Zhou Z. Isolation forest[C]. 2008 Eighth IEEE International Conference on Data Mining, Pisa, 2008:413-422.

[24] AlienVault. BernhardPOS. [2020-03-31]. https://otx.alienvault.com/pulse/55a5b4eeb45ff55fb194e69e.

[25] Brumaghin E, Grady C. Covert channels and poor decisions: The tale of DNSMessenger. [2017-03-31]. https://blog.talosintelligence.com/2017/03/dnsmessenger.html.

[26] Sivakorn S, Jee K, Sun Y, et al. Countering malicious processes with process-DNS association[C]//Proceedings of the Network and Distributed System Security Symposium （NDSS），San Francisco, 2019: 131-139.

[27] 张猛,孙昊良,杨鹏. 基于改进卷积神经网络识别 DNS 隐蔽信道[J]. 通信学报, 2020, 41（1）: 169-179.

[28] Liu C, Dai L, Cui W, et al. A byte-level CNN method to detect DNS tunnels[C]. 2019 IEEE 38th International Performance Computing and Communications Conference （IPCCC），London, 2019:1-8.

[29] Asaf N, Avi A, Asaf S. Detection of malicious and low throughput data exfiltration over the DNS protocol[J]. Computers & Security, 2018, 80: 36-53.

[30] Sammour M, Hussin B, Othman M F I, et al. DNS Tunneling: A review on features[J]. International Journal of Engineering & Technology, 2018, 7（3.20）: 1-5.

[31] Robert. The OilRig campaign: Attacks on Saudi Arabian organizations deliver helminth backdoor. [2020-04-30]. https://unit42.paloaltonetworks.com/the-oilrig-campaign-attacks-on-saudi-arabian-organizations-deliver-helminth-backdoor.

[32] Robert. OilRig uses ISMDoor variant: Possibly linked to greenbug threat group. [2020-04-30]. https://unit42.paloaltonetworks.com/unit42-oilrig-uses-ismdoor-variant-possibly-linked-green bug-threat-group.

第6章 基于知识图谱的威胁发现

6.1 基于知识图谱的威胁发现概述

知识图谱(knowledge graph)是谷歌在 2012 年提出的,旨在实现更智能的搜索引擎,并且于 2013 年以后开始在学术界和业界普及。具体而言,知识图谱通过信息抽取、知识融合、知识推理等过程[1,2],将分散在多处以不同形式表示的信息进行关联融合,形成一个统一表示且高质量的知识集,继而根据现有的知识进行推理,在挖掘潜在的知识的同时产生新的知识,从而实现信息分析的智能化。目前,随着智能信息服务应用的不断发展,知识图谱已被广泛应用于智能搜索、智能问答、个性化推荐、情报分析、反欺诈等领域。知识图谱技术不断发展,现在它已不仅仅局限于语义搜索相关应用,还成为解决抽象知识与底层数据之间语义鸿沟问题的主要方法。

安全知识图谱是知识图谱在安全领域中的应用,包括基于本体论构建的安全知识本体架构,以及通过威胁建模等方式对多源异构的网络安全领域信息(heterogeneous cyber security information)进行加工、处理、整合,转化成为结构化的智慧安全领域知识库。对于内网数据来说,告警数据与流量数据缺少相关的语义,而安全知识图谱融入了已知的安全知识,能大大提高威胁识别与评估的准确性。以安全知识图谱为基础,一些研究者通过对不同的图结构相似程度的判断达到信息推理的目的,相似图推理可用于恶意软件家族推理、威胁情报检索、敌手画像构建、团伙情报挖掘以及 APT 攻击发现等应用。

本书将基于安全知识图谱(后面简称"知识图谱")的威胁发现工作分为三类(表 6-1),分别为基于知识图谱的传统威胁检测、基于知识图谱融合开源威胁情报的威胁发现以及知识图谱在新型威胁领域的检测与应用。

表 6-1 基于知识图谱的威胁发现工作概览

类型	类内分支	文献	技术特点
基于知识图谱的传统威胁检测	恶意软件检测	[3]	根据恶意样本的执行控制流图推理其家族的演进过程
		[4]	将执行流图转化为向量表示,通过向量距离判断恶意代码的相似性

续表

类型	类内分支	文献	技术特点
基于知识图谱的传统威胁检测	恶意软件检测	[5]	将威胁信息的相关程度转化为威胁情报图相似程度
	恶意软件传播溯源	[6]	利用黑客论坛的信息和共现性推断手机恶意软件的关键传播者
	APT 攻击检测	[7]	利用攻击活动期间出现的可疑信息流之间的相关性，建立低级活动日志→TTP→上层威胁模型的三层映射
基于知识图谱融合开源威胁情报的威胁发现	开源网络威胁情报（OSCTI）层面	[8]	解决现有 OSCTI 收集和管理平台的信息孤立问题，利用人工智能和 NLP 技术提取威胁行为的高保真知识，构建安全知识图谱
		[9]	供一个无监督、轻量级和精确的 NLP 管道，从非结构化 OSCTI 文本中提取结构化威胁行为
	日志层面	[10]	聚合审计日志的上下文语义来提取威胁行为
		[11]	实现了应用程序日志与审计日志的融合，并可基于融合规则推断新关系
知识图谱在新型威胁领域的检测与应用	基于模式匹配的检测	[12]	自动化分析、提取智能合约的依赖关系图，并确立智能合约行为的合规性和违规模式
	基于自主学习的检测	[13]	基于图神经网络实现了对智能合约漏洞的检测
		[14]	使用图神经网络结合专家知识实现对智能合约漏洞的检测，并突出关键变量对检测结果的影响
	面向真实应用的攻击测量	[15]	面向真实世界的 DApp 攻击案例构建关键威胁情报，并实现自动攻击测量

6.1.1　基于知识图谱的传统威胁检测

目前，APT 攻击被视为互联网安全领域面临的严重威胁，而 APT 攻击的检测能力则是确保网络安全的重要保证。然而，目前通过单一的数据分析方法实现 APT 检测的概率较低，因此需要探索多维度联合分析的方法。知识图谱技术可以对资产、威胁、漏洞、流量、日志等信息进行统一的描述，从而打破不同数据之间的隔阂。同时，结合知识推理方法，可以进行异常行为分析，以便更好地发现 APT 攻击行为。

将传统威胁领域聚焦在典型的 APT 攻击，在 APT 攻击中，恶意软件通常以家族的方式进行演变，因此建立恶意软件的家族图谱对于新型恶意软件的理解、发现以及对于 APT 攻击的检测具有重要意义。具体而言，可利用围绕恶意软件构建的知识图谱实现恶意软件检测、恶意软件传播溯源以及 APT 攻击检测。

在恶意软件检测方面，2016 年，Oyen 等[3]提出了基于结构先验和偏序先验知识的贝叶斯网络发现算法，根据恶意样本的执行流图推理其家族的演进过程。但是该方法直接使用程序控制流图作为输入，未对图结构进行简化，在输入大量样本时将面临效率低的问题。为了提高计算效率，2017 年，Xu 等[4]提出了使用图嵌入算法将执行流图转化为向量表示并通过向量距离判断恶意代码相似性的方法。不同于研究较多的分类问题的图嵌入，该方法的嵌入过程是为实现代码执行图的相似性检测，而不是用于类别的判断。该方法在 Structure2Vec 的基础上，使用 Siamese 结构实现无标签的参数化训练，相对分类问题的嵌入而言保留了更多的原始特征，对于无标签训练的恶意样本检测而言更为适用。同样基于简化图计算的思路，2017 年，Gascon 等[5]提出了将威胁信息的相关程度转化为威胁情报图相似程度判断的方法。该方法在统一数据模型(unified data model)表示的基础上，首先通过对齐不同层次的情报信息构成情报图，然后使用相似哈希算法分别计算节点、子图与输入情报的指纹信息，并通过汉明距离衡量指纹间的相似程度。

在恶意软件传播溯源方面，2017 年，Grisham 等[6]提出了利用黑客论坛的信息推断手机恶意软件关键传播者的方法。该方法的核心思想是通过发布恶意软件的行为对黑客进行组织关联，同时识别恶意软件的关键传播人员。在具体实现过程中，首先利用长短时效神经网络识别论坛附件是否为移动恶意软件，然后通过构建单模式(one-mode)网络将恶意软件的发布者关联起来，使用网络直径衡量黑客团体，并根据共现性(co-occurrences)确定恶意软件的关键传播人员。该方法使用单模式网络，更适合黑客团体性的挖掘，同时可以简化网络中心性的计算。虽然该方法在跟进最新发布的恶意软件危害时具有良好的效果，但是由于黑客论坛中缺少关于黑客的属性信息，难以对黑客进行更为深入的挖掘。

在 APT 攻击检测方面，2019 年，Milajerdi 等[7]提出了一个用于检测 APT 攻击的企业安全高保真观测与日志监控(high-fidelity observational and log-based monitoring for enterprise security，HOLMES)系统，它有效利用攻击活动期间出现的可疑信息流之间的相关性，分析了进程、文件等系统实体之间的依赖关系，并依次将低级的活动日志或审计数据与 ATT&CK 威胁模型记录的 TTP 建立映射；此外，HOLMES 还建立了基于起源图的高级场景图(high-level scenario graph，HSG)，其通过实时总结攻击者的行为实现了对攻击过程的上层抽象，可有效助力对 APT 攻击的理解。通过对 9 个 APT 攻击实例的检测，HOLMES 实现了针对 APT 攻击的高精度和低误报率检测，并可以在实际中协同开展实时有效的网络响应。

6.1.2　基于知识图谱融合开源威胁情报的威胁发现

随着网络威胁的不断进化和演变，OSCTI 作为一种重要的威胁情报收集和分享方式，越来越受到关注。针对现有 OSCTI 平台在信息收集和管理方面的问题，以及当前主要依赖低级别感染指标（indicators of compromise，IOC）的局限性，Gao 等[8]在 2021 年提出了一种名为 SecurityKG 的自动 OSCTI 收集和管理系统。该系统收集来自各种来源的 OSCTI 报告，利用人工智能和自然语言处理技术提取高精度的威胁行为知识，构建了安全知识图谱。此外，SecurityKG 将这些知识存储在后端数据库中，可通过查询安全知识图谱来帮助构建各种应用程序，如威胁搜索、威胁分析和威胁预警等。SecurityKG 系统的应用，可有效提高对网络威胁的识别和响应能力。

2021 年，Gao 等[9]利用 OSCTI 提供的丰富的外部威胁知识，提出了一个使用 OSCTI 促进计算机系统中威胁搜寻的系统 ThreatRaptor。ThreatRaptor 建立在系统审计框架之上，通过采用 IOC 保护、基于依赖性解析的 IOC 关系提取等技术，提供了一个无监督、轻量级和精确的 NLP 管道，从非结构化 OSCTI 文本中提取结构化威胁行为。提取的威胁行为用一个结构化的威胁行为图表示，其中节点表示 IOC，边表示 IOC 关系。与非结构化的 OSCTI 文本相比，这种结构化的威胁行为表示更易于自动处理和集成。基于攻击案例的评估结果证明，ThreatRaptor 能够从 OSCTI 文本中准确提取威胁行为（IOC 提取的 F1 值为 96.64%，IOC 关系提取的 F1 值为 92.59%），性能远优于一般的信息提取方法（通常 F1 值小于 5%）。此外，ThreatRaptor 是第一个连接 OSCTI 和系统审计的系统，它还通过提供一种简洁而富有表现力的 TBQL 查询语言、查询合成机制以及一个高效的查询执行引擎来配合实现在实际威胁搜寻中的准确性和高效性。

2021 年，Zeng 等[10]提出了一种名为面向运营环境的 Web 审计系统（Web audit trail system for operational environments，WATSON）的自动化方法，用于从聚合的审计日志中提取威胁行为。WATSON 利用基于日志的知识图中的上下文信息进行语义推理。为了区分具有代表性的行为，WATSON 提供了一种行为语义的向量表示，并使用它来聚类语义上相似的行为。研究人员在现实网络攻击模拟的行为以及 DARPA 组织的对抗性交战行为上进行了评估，结果表明，WATSON 能够在没有分析师参与的情况下，准确地抽象出良性和恶意行为，有助于弥合审计事件和系统行为之间的语义差距，并大大减少了攻击调查中的人力工作。

面对以 APT 为代表的网络攻击的持久性和复杂性，2021 年，Yu 等[11]分析了攻击取证技术中面临的依赖性爆炸问题，提出了一种新颖的日志融合技术 ALchemist，它实现了应用程序日志与审计日志的规范化，并提出了一套全面的日志融合规则，基于该规则，ALchemist 能够从现有的日志中推断出新的关系，进而能够输出精准有效的攻击起源图。此外，Yu 等进行了原型系统实现和评估，评估结果表明，ALchemist 只有 1.1% 的运行时间开销和 6.8% 的存储开销，就实现了 92.8% 的准确率和 99.6% 的召回率，超过了当前同样不依赖插桩的两个最先进的技术。

6.1.3　知识图谱在新型威胁领域的检测与应用

近年来，随着区块链热潮的兴起，以比特币和以太坊为代表的区块链应用开始走进人们的视野。相对比特币，以太坊不仅实现了基于区块链的价值交易，还通过对智能合约的支持，可承载 DeFi、非同质化代币(non-fungible token，NFT)等上层应用[12]。新技术或新应用的出现必然伴随着安全问题的产生，区块链技术也不例外。2016 年，The DAO 智能合约暴露出两个严重的安全漏洞，黑客利用这两个漏洞从中盗取了价值 6000 万美元的以太币，并导致了以太坊区块链的硬分叉。The DAO 事件的曝光，使智能合约的安全问题受到研究者的关注。智能合约中携带的安全漏洞可能导致大量的财产流失，研究者对此开展了一系列围绕智能合约的漏洞检测、安全审计等工作[16-19]，尽可能在攻击者发现或利用合约漏洞之前进行预警和防御。

由于区块链网络的错综复杂，在对恶意智能合约的检测中，知识图谱在其中发挥了关键作用。例如，2018 年，Tsankov 等[12]开发了一种用于以太坊智能合约的自动化安全分析器 Securify，Securify 通过分析并提取智能合约的依赖关系图，能够从智能合约代码中提取精准的语义信息，确立了一组智能合约行为的合约性和违规模式。这些模式能够证明智能合约行为对于给定属性的安全性，进而能够助力 Securify 来证明以太坊上数字资产的安全性。Securify 已公开发布并分析了其用户提交的超过 18KB 大小的合同，并定期用于专家进行安全审核。此外，Tsankov 等对 Securify 在现实世界中的以太坊智能合约上进行了广泛的评估，并证明它可以有效地证明智能合约的正确性并发现严重的违规行为。

针对智能合约漏洞检测的方法严重依赖固定的专家规则，导致检测精度低的问题，2020 年，Zhuang 等[13]基于图神经网络(graph neural network，GNN)实现了对智能合约漏洞的检测。具体而言，Zhuang 等根据程序语句之间的数据和控制依赖关系将智能合约的源代码表征为合约图，并提出了一种无度图卷积神经网络(degree-free graph convolutional neural network，DR-GCN)和一种新颖的时间消息传播网络(temporal message propagation network，TMP)，以从归一化的智能合约图中训练漏洞检测的能力。将该方法用于检测超过 30 万个现实世界的智能合约，结果显示，在检测不同类型的漏洞(包括可重入性、时间戳依赖性和无限循环漏洞)方面，Zhuang 等的方法在性能上始终优于 2020 年的最新方法。

2021 年，Liu 等[14]基于 Zhuang 等[13]的工作提出使用图神经网络和专家知识进行智能合约漏洞检测，强调不可忽略的专家知识以及智能合约中的关键变量对检测结果的影响。具体而言，该方法在合约图上突出关键节点，进一步设计了一个节点消除阶段来对合约图进行归一化；进而对时间消息传播网络进行了扩展和改进，从归一化图中提取图特征，并将图特征与设计的专家模式相结合，形成最终的检测系统。对所有在以太坊和 VNT 链平台上有源代码的智能合约进行了广泛的实验。实验结果表明，在三种类型的漏洞上，该方法的检测准确率比 2021 年最先进的方法有显著的提高，其中该方法的检测准确率达到了 89.15%、89.02% 和 83%。

2021 年，Su 等[15]针对真实分布式应用(decentralized application，DApp)攻击实例进行了第一次测量研究，并构建了基于杀伤链或 ATT&CK 威胁模型的关键威胁情报。利用这些威胁情报，Su 等提出了去中心化金融入侵和攻击资源 (decentralized finance intrusion and exploit resources，DEFIER)系统，该系统能够对大规模的 DApp 攻击事件实现自动化调查。通过对源自以太坊 104 个 DApp 的 230 万个交易进行监测，DEFIER 在 85 个 DApp 上成功定位了 476342 个用于漏洞利用的交易，这些交易与 75 个 0day 僵尸 DApp 以及 17000 个先前位置的攻击者外部账户(externally owned account，EOA)有关。

6.2　面向以太坊的智能合约蜜罐机理辨析

6.2.1　情况概述

根据 6.1.3 节的描述，以太坊上智能合约的应用已经伴生了很多严重的安全问题，并造成了以太坊区块链上的财产流失。对此，研究者利用知识图谱开展了一系列围绕智能合约的漏洞威胁检测工作。然而，除围绕智能合约的漏洞检测与利用之外，攻击者还尝试化被动为主动，通过构造携带伪漏洞的陷阱合约来实现盗取财富的目的。研究者将这类陷阱合约称为"合约蜜罐"。当前，合约蜜罐的兴起已经对以太坊生态环境造成了显著污染，其具有的检测延迟大、攻击时效长、变形方法多等特点，使其成为有别于以太坊其他攻击形式的新形态威胁，从而突出了合约蜜罐检测的重要性。

此外，据研究发现，由攻击者主动构造的合约蜜罐在 2018 年开始大量涌现，截至 2018 年 10 月，因合约蜜罐带来的财产流失已经超过了 90000 美元[6]。为了避免更大的财产流失，建立对合约蜜罐的深入理解，从攻击者视角分析蜜罐的变形方向，实现对未知蜜罐的精准定位十分必要。

当前围绕合约蜜罐的研究工作尚不成熟。在前期已有的研究工作中，Torres 等首次提出了合约蜜罐的概念，并先后通过两项研究工作将在野的合约蜜罐总结为 10 种类型[20,21]。目前在合约蜜罐的检测工作上，以基于符号执行的静态分析技术和机器学习技术为主流。但是这些方法的鲁棒性尚不健壮，笔者研究了现有检测方法的实现思想，观察并总结了它们在检测应用中存在的三个关键挑战。

(1)语义鸿沟(semantic gap，SG)。我们观察到在合约蜜罐的基因特征提取与合约蜜罐的检测工作之间存在着语义鸿沟。虽然合约蜜罐被定义并且被分类了，但却没有研究者提出使用合约蜜罐成立的基因特征来实现合约蜜罐的检测，从而导致检测中出现高误报。例如，在首项合约蜜罐检测工作[20]中就已经提出同一类型的合约蜜罐之间存在巨大的差异性，然而后续的检测工作[21,22]却依旧从二分类检测的视角提取用于合约蜜罐检测的普遍特征，因此并不会为蜜罐检测带来可观的有益效果。

(2)特征不当(improper characteristics，IC)。我们观察到基于合约蜜罐行为特征的检测可能导致我们作为防御方会错过给予用户告警的最佳时机。区别于传统形式的恶意代码，我们观测到的合约蜜罐行为均为已经完成的行为状态，因此在实时行为检测的同时做行为阻断并捕获恶意代码的操作是不被允许的，对于合约蜜罐而言，基于某些行为特征(如代表"转账到攻击者账户"的资金流特征)检测到的蜜罐，往往意味着黑客已经攻击成功。

(3)字节屏障(byte obstruction，BO)。基于合约蜜罐字节码的检测复杂化了蜜罐的检测工作。这是由于合约蜜罐的捕获对象是以太坊生态系统中的新手黑客，当且仅当合约代码开源时才会引起该目标群体的兴趣，因此基于合约蜜罐字节码的检测不仅进一步遮盖了合约蜜罐的基因特征，更使现有的检测方法无法从根本或源头捕获形态各异的合约蜜罐。

本书期望通过精准的合约蜜罐检测来生成区块链威胁情报，进而可对以太坊社区发出预警，以助力区块链生态系统的健康运转。因此，为了解决上述问题，笔者挖掘了以太坊生态系统中合约蜜罐的基因特征，构建了蜜罐的深层分类体系，即蜜罐家谱；以此为基础，提出了一个跨家族的各项异性检测模型(各项异性又称"各向异性"，即合约蜜罐在各个家族中的全部或部分基因特征随技术实现方式的不同而各自表现出一定的差异性)，并研制了原型系统——CADetector (cross-family anisotropic detector)。实验证明，CADetector 能够高效、鲁棒地实现对已知和未知蜜罐的精准检测。

6.2.2 基本概念

为了讨论方便，本节首先对以太坊基本概念[23,24]展开介绍。

1. 以太坊核心概念

(1)智能合约(smart contract，SC)：是一种计算机程序或交易协议，旨在根据合同或协议的条款自动执行、控制或记录法律相关的事件和行为。运行在区块链上的智能合约由区块链共识机制保证其正确执行。通过可视化环境(如 Etherscan

浏览器)可以观察到,智能合约包含合约地址、名称、余额、编译器版本、合约代码等关键信息。需要说明的是,合约代码一旦上链则无法篡改。

(2)EOA:指用户通过私钥直接控制的账户,是以太币交易或访问 SC 的起点。

(3)交易(transaction,tx):由 EOA 发起,是唯一能够驱动以太坊发生状态改变的机制。EOA 可以触发交易,而 SC 不能主动发起交易,只能在被触发后按预先编写的合约代码执行。一条交易信息包含多个元数据,例如,from、to、input等。其中,from 表示交易的发起者,必须为 EOA;to 表示交易的目的地址,可以是 EOA、SC 或 0x0;input 表示交易携带的信息,可以是 SC 的字节码、SC 的函数调用或空。以图 6-1 为例,该 tx 为合约创建交易,此时 to 字段为 0x0,并且input 字段信息为 SC 的字节码。

```
{
    "from": 0xa8925487055fb8218836a82b83d0233db61f0cde
    "input": "0x6060604052670de0b6b3a764000060015534"
    "to": 0x0,
    ......
}
```

图 6-1　tx 关键信息示意图

基于上述三个关键角色,本节面向以太坊提供了可视化的关系图谱。如图 6-2所示,该图谱概括了以太坊上的三种基本关系:①创建关系;②调用关系;③转账关系。其中,SC 到 SC 的转账既属于调用关系,也属于转账关系,在本节中,将其归类为转账关系。对应每种基本关系,根据源点(source)和目标点(target)的不同,又可以具化为 8 种关系实例,具体见表 6-2。

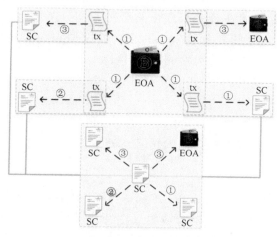

图 6-2　以太坊关系图谱

表 6-2　以太坊基本关系汇总

序号	源点		目标点	关系描述	说明
1	EOA		tx	创建关系	所有其他关系均建立在该关系的基础之上.
2	tx		EOA	转账关系	—
3				创建关系	—
4	tx	→	SC	调用关系	—
5				转账关系	
6	SC		SC	创建关系	
7				调用关系	该关系依赖于 3/4/5 号关系的建立
8	SC		EOA	转账关系	

2. 智能合约的关键流程

一个智能合约从设计到使用的关键流程可以概括为构建、编译、投递、部署与交互 5 个步骤，具体描述见表 6-3。

表 6-3　关键流程描述

序号	步骤	具体描述
1	构建	根据需求设计，编写 SC 源码，其源码形态可类比常见的 Python、C 语言代码
2	编译	图 6-3(a) 编译合约源码为可在以太坊虚拟机上执行的字节码 (bytecode)；图 6-3(b) 获取 SC 的应用二进制接口 (application binary interface，ABI)，ABI 提供了 SC 的函数调用接口 (详见图 6-3)
3	投递	基于 EOA→tx 的创建关系，SC 构造者通过其 EOA 发起交易，实现 SC 到以太坊的投递
4	部署	tx 被打包并执行后，便在以太坊上完成了对 SC 的部署，相关的 tx 信息会同步在全网公开
5	交互	基于表 6-2 中 1、4~5、6~8 这些基本关系实现到 SC 的函数调用。下文中，为了区别良性 SC 与合约蜜罐，将交互划分为"良性交互""诱导""锁定""收割"四类

```
6060604052670de0b6b3a7640000600155341561001b57600080fd5b604051602080
610522833981016040528080519060200190919050508060002600061010000a815481
73ffffffffffffffffffffffffffffffffffffffff……
```

(a) 字节码

```
[{"constant":false, "input" :[{"name":"_am","type": "unit256"}]
"name":"CashOut", "outputs": [],"payable": false, "stateMutability":
"nonpayable", "type": "function"}, {"constant": fialse, "inputs": [],
"name": "Deposit", "output": [], "payable": true,
"stateMutability": "payable", "type" : "function"},
……
]
```

(b) ABI

图 6-3　蜜罐源码编译后的字节码与 ABI 示意图

3. 合约蜜罐及其相关身份

合约蜜罐是由攻击者构造的代码片段,属于一种特殊类型的非良性智能合约[25,26]。攻击者为了实现获利的目的,通过在合约代码中构造携带伪装漏洞的陷阱来达到吸引新手黑客的目的。这些陷阱通常使用资金形式的诱饵使新手黑客落入陷阱。这些新手黑客拥有较为局限的区块链知识,会将合约蜜罐中的伪装漏洞识别为真漏洞,因此它们会尝试进行漏洞利用,认为用较低的资金投入可以换取高回报。然而,尝试漏洞利用的过程中,合约蜜罐便会将新手黑客投入的资金进行封锁,并阻断其获取高额资金的过程。

合约蜜罐是区别于合约漏洞的一种特殊存在。一方面,合约漏洞是已经存在的、被黑客发现并进行恶意利用的,而合约蜜罐中存在的伪装漏洞或陷阱则是由黑客主动构造的;另一方面,合约漏洞的攻击群体多为正常用户,而合约蜜罐的主要诱导对象是新手黑客。此外,一些类型的合约蜜罐也会基于现有公开的合约漏洞来构造陷阱,这类陷阱既修补了现有的漏洞,又增加了成功诱导新手黑客的可能性。

综上,根据合约蜜罐的定义,本章明确了与合约蜜罐攻击相关的两个关键身份,并对 0day 合约蜜罐进行了诠释。

关键身份 1——攻击者:合约蜜罐的构造者,同时也是最终的获利者。

关键身份 2——受害者:尝试针对合约蜜罐做"漏洞利用"的新手黑客。

0day 合约蜜罐:与 0day 漏洞(指以软件供应商为代表的防御方未知,或防御方已知但还没有相关补丁的计算机软件漏洞)有所区别,0day 合约蜜罐类似于还未被纳入黑名单(blacklist)的恶意域名或恶意网站,它综合考虑作用对象、作用时间、陷阱技术以及伪装形式等,指在以太坊上已经完成部署的合约蜜罐,除了攻击者和被成功诱导的受害者,还没有其他人知道这一陷阱,即最新被发现且当前尚未公布的合约蜜罐。0day 合约蜜罐通过新的合约地址或新的伪装漏洞等不同的角度实现对新手黑客的诱导,相比在野合约蜜罐,0day 合约蜜罐的诱导成功率更高,可以被攻击者有效地加以利用,其发起的攻击往往具有更大的破坏性。在本章工作中,对 0day 合约蜜罐的检测能力是评价当前合约蜜罐检测工作的一个重要指标。

6.2.3　智能合约蜜罐机理

1. 典型 SMC 型合约蜜罐

图 6-4 所示为一个典型稻草人合约(straw man contract,SMC)型合约蜜罐的源码示意图。在该合约中包含 PrivateBank 和 Log 两个合约,其中 PrivateBank 是

攻击者要部署在以太坊区块链上的主合约，对应的合约访问者可以通过调用 Deposit 和 CashOut 函数分别实现存款和取款操作。Log 合约中的 AddMessage 函数定义了日志记录功能。在合约部署中，该 Log 合约并不产生实际作用(即不被主合约调用)，但由于与主合约调用的合约同名，其在攻击过程中将助力欺骗新手黑客。

```solidity
1 prama solidity ^0.4.19
2 contract PricateBank {                     //PricateBank 合约
3    ……
4    Log TransferLog;                        //全局变量
5    function PrivateBank(address _log) {     //构造函数，接收外部合约地址，用于实
                                              //现对外部合约的调用
6        TransferLog = Log(_log);            //实例化外部 Log 合约
7 }
8    function Deposit() public payable {      //存款函数
9      if (msg.value ≥ MinDeposit) {         //MinDeposit = 1 ether;
10          balances[msg.sender]+= msg.value;
11          TransferLog.AddMessage(mag.sender,msg.value, "Deposit");
12      } //对外部 Log 合约的 AddMessage 函数的调用
13    }
14    function CashOut(unit _am) {            //取款函数
15      if(_am≤balances[msg.sender]){
16          if(msg.sender.call.value(_am)()){
17             balances[msg.sender])==_am;
18             TransferLog.AddMessage(msg.sender, _am, "CashOut");
19          }
20        }
21      }
22 }
23 contract Log { //Log 合约，并非 PrivateBank 合约所调用的合约，为稻草人合约，用于伪装
24    ……
25    function AddMessage(address _adr , uint _val,string _data) …
26      public{                               //信息添加函数
27      LastMsg.Time = now ;
28      LastMsg.Data = _data;
29      History.push(LastMsg);
30    }
31 }
```

图 6-4　SMC 型蜜罐的源码形态示例-PrivateBank

　　为了更好地诠释合约蜜罐的思想，本章分别从受害者视角和攻击者视角对图 6-4 所示的合约蜜罐进行剖析。

　　如图 6-5 所示，受害者聚焦 CashOut 函数，认为该合约中存在递归利用漏洞，可以通过构造对应的"利用"合约，进行如下操作的漏洞利用。

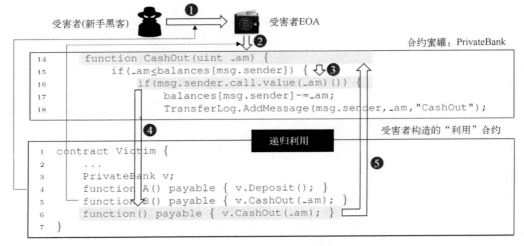

图 6-5　受害者视角下的利用逻辑

　　①通过"构建、编译、投递、部署"完成"利用"合约（如图 6-5 所示的 Victim）到以太坊的发布。

　　②受害者 EOA 通过调用 Victim 合约中的 B()，实现与 PrivateBank 合约的"交互"，在"交互"过程中，B() 调用 PrivateBank 合约中的 CashOut()。

　　③CashOut() 实现了到访问者 msg.sender（即 Victim 合约）的转账（如图 6-5 的 16 行所示）。

　　④转账过程会默认调用 Victim 合约的 fallback 函数（如图 6-5 的 6 行所示的 function()）。

　　⑤fallback 函数再次实现了对 CashOut() 的调用，因此执行流程返回至步骤③，后续通过③、④、⑤步骤的循环操作可实现由 PrivateBank 合约到 Victim 合约的循环转账。

　　然而，图 6-5 展示的利用逻辑正是合约蜜罐诱导受害者步入陷阱的第一步，本章将其称为"诱导"。产生诱导之后，受害者尝试执行实际利用，却会发现其视角下的利用逻辑是失败的。本章将通过图 6-6 所示的实际逻辑解释这一结果。

　　①步骤与图 6-5 的步骤①保持一致。

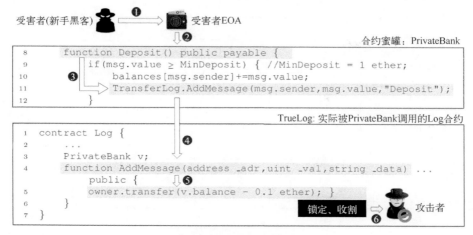

图 6-6 合约蜜罐的实际攻击逻辑

②受害者 EOA 通过调用 Victim 合约（图 6-5）中的 A()，实现对 PrivateBank 合约中 Deposit() 的调用，以及到 PrivateBank 合约中大于 1 ether 的转账。

③Deposit() 会调用 TransferLog 合约的 AddMessage()。

④TransferLog 是图 6-6 所示 Log 合约（为了区别，下文中称为 TrueLog）的实例化，与图 6-4 的 Log 合约虽然同名，但功能实现却不相同。

⑤AddMessage() 实现了 PrivateBank 合约到攻击者账户的转账。如图 6-6 的第 5 行所示，只在 PrivateBank 合约保留了 0.1 ether。

⑥受害者对④、⑤两个步骤无感知，认为步骤③中 AddMessage() 仅执行日志记录（如图 6-4 中的 Log 合约所示），而当受害者尝试"漏洞利用"时，由于 PrivateBank 合约中没有足够的资金支持转账操作，因此"利用"过程将产生崩溃，止步于图 6-5 所示逻辑中的步骤③。

将图 6-6 的攻击逻辑概括为"锁定"与"收割"，两者分别代表对受害者转入资金的锁定，以及对锁定资金的转移。根据合约蜜罐逻辑的不同，"锁定"与"收割"可以选择合并为一条指令进行实现，也可以独立实现。综上，攻击者通过"诱导""锁定""收割"三个关键操作才最终完成了围绕合约蜜罐的攻击。

2. 合约蜜罐的攻击机理

围绕合约蜜罐的攻击模型可提炼为如图 6-7 所示。该模型将攻击过程概括为构建、编译、投递、部署、传播、诱导、锁定、收割 8 个步骤。

如表 6-4 所示，构建、编译、投递、部署 4 个步骤与良性 SC 发布到以太坊的关键流程保持一致，而在其他环节中显示出关键区别。

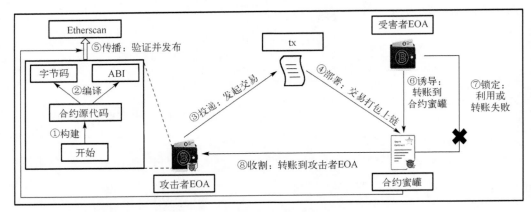

图 6-7　围绕合约蜜罐的攻击模型

表 6-4　关键流程对比

类型	构建	编译	投递	部署	传播	诱导	锁定	收割	良性交互
良性 SC	●	●	●	●	◔	○	○	○	●
合约蜜罐	●	●	●	●	●	●	●	●	◔

在传播步骤中，攻击者为了实现对潜在受害群体的诱导，需要在主流以太坊浏览器（如 Etherscan）上公开合约蜜罐相关的源码、ABI 等信息，以便被受害者发现，这一步骤在 Etherscan 上称为"验证并发布"。

根据前述对"典型 SMC 型合约蜜罐"的介绍，诱导、锁定、收割 3 个步骤已无须阐述。但值得一提的是，对于不同类型的合约蜜罐，它们在攻击模型上的技术区别主要表现在"诱导"和"锁定"两个步骤上，即不同构造方式生成的合约蜜罐具有不同的陷阱诱导和转账阻断技术。根据这些技术基本原理的不同，Torres 团队将当前的合约蜜罐总结为 10 种类型[20,21]，分别为：①余额紊乱（balance disorder，BD）；②继承紊乱（inheritance disorder，ID）；③跳过空字符串文本（skip empty string literal，SESL）；④类型推导溢出（type deduction overflow，TDO）；⑤结构体未初始化（uninitialized structure，US）；⑥隐藏状态更新（hidden state update，HSU）；⑦隐藏转移（hidden transfer，HT）；⑧SMC；⑨转账未执行（unexecuted call，UC）；⑩映射键的编码技巧（map key encoding trick，MKET）。对合约蜜罐的分类为当前的蜜罐检测工作提供了极大的便利，当前已知的所有针对合约蜜罐的检测工作均遵从这一分类体系展开研究。

6.3　基于蜜罐家谱的各向异性合约蜜罐检测

6.3.1　基于各向异性的蜜罐检测范围界定

　　根据本书对智能合约蜜罐机理的研究，Torres 团队总结的 10 种蜜罐类型为当前的蜜罐检测工作提供了极大的便利。但与传统的恶意代码类似，即使是相同类型的蜜罐，它们之间仍存在很大的差异。例如，图 6-4 和图 6-8 所示均为 SMC 类型的蜜罐，尽管两者具有相同的诱导原理(即蜜罐制造者为当前合约引入了可控的接口，而被诱导者对可控接口拥有错误的认识)，但两者的构造方式却存在明显的区别。前者基于一个显式的诱导合约 Log 来制造可控的陷阱，后者则借助 delegatecall 控制合约蜜罐变量的方式来构造隐式陷阱。将这种原理层面的特征称为"基因特征"，相同类型的蜜罐间虽然具有相同的基因特征，但由于技术实现方式的多样化，这些基因特征对应的关键代码是存在区别的。将这些以特定顺序链接而成的关键代码组成的序列称为"基因序列"，而基因序列的差异化则是影响蜜罐检测的关键因素。

```
1 contract Conductor {                              //Conductor 合约
2     ......
3     address public Owner = msg.sender;            //全局变量 Owner
4     function transfer (address adr) payable {     //转账函数
5         if(msg.value>limit) {                     //转入金额判断
6         DataBase.delegatecall(byte4(sha3("AddToDB(address)")),......msg.sender);
                                                     //delegatecall 实现函数调用
7             adr.transfer(this.balance);           //将当前账户的余额全部转出
8         }
9     }
10 }
```

图 6-8　SMC 型蜜罐的源码形态示例-Conductor

　　为了解决这一问题，本章构建了蜜罐家谱。具体如表 6-5 所示，蜜罐家谱不同于当前蜜罐的 10 种分类，它将每种蜜罐类型视作一个蜜罐家族，挖掘了族间各向异性特征(即不同蜜罐家族对应的不同基因特征)，这些特征总结了蜜罐进行诱导和锁定的基本原理，在不同蜜罐家族间是各向异性的存在，在同一蜜罐家族内则是各向同性的存在。进一步，考虑基因序列的差异化，本章从技术实现的角度考虑每个蜜罐家族内部衍生的细粒度分支，并对家族可能的变形进行了预测(其中统计为 0 的子类分支是实际可行的变形预测，由本章首次提出)，从而构建了一套较为完整的、涵盖衍生变体的深层分类体系，即蜜罐家谱。

表 6-5 蜜罐家谱

蜜罐家族	族间各向异性特征(组)	族内分支/变形	(在野)数量	原子性	拆分复用性	集成性
BD	(1)转账金额判断 (2)超额转账	—	21	1	0	2
ID	(1)继承关系 (2)"同名"变量混淆 (3)"同名"变量可控 (4)制约转账权限	一重继承	49	1/4	[0, 3/4]	2
		多重继承	3			2
		相似字符混淆	2			1
		HSU 式继承紊乱	2			1
SESL	(1)编译器版本<0.4.12 (2)空字符串参数特征 (3)转账地址具有诱导性	基本形式	9	1/2	[0, 2/3]	
		msg.sender 受益型	1			1
TDO	(1)转账金额判断 (2)var 特征 (3)制约转账权限	无限循环型	5	1/3	[0, 2/3]	1
		直接 var 变量型	0			1
		var 变量计算型	0			1
US	(1)编译器版本<0.5.0 (2)存在struct关键字定义的结构体 (3)struct 未初始化 (4)结构体类型的变量覆盖赋值 (5)制约转账权限	覆盖的状态判断型	47	1/2	[0, 4/5]	2
		覆盖的转账金额型	0			—
HSU	(1)至少存在一个 storage 类型的全局变量的声明 (2)某函数中对该全局变量做更改赋值 (3)存在对该全局变量的条件判断 (4)该条件判断制约转账权限	bool 判断型	75	1/2	[0, 3/4]	4
		非 bool 判断型	76			2
HT	(1)某一行中空格的长度超过阈值 (2)必备隐藏与显示两个转账指令	—	21	1	0	2
SMC	(1)存在蜜罐构造者可控的、误导性的调用接口 (2)可控接口无法被新手黑客控制 (3)制约转账权限	构造函数引入可控	14	1/4	[0, 2/3]	1
		onlyOwner 权限函数引入可控	1			1
		delegatecall 引入可控	8			1
		HSU 式引入可控	10			1
UC	(1)存在无效的.call.value 的转账指令 (2)访问者可调用执行无效转账指令	—	4	1	0	1
MKET	(1)存在与英文难以区分的特殊字符 (2)该特殊字符制约转账权限		1	1	0	1

　　蜜罐家谱的构建,不仅为增强合约蜜罐检测提供了核心的基因特征和基因序列,而且提供了其他一些同样重要的有效信息,将其提炼为如下三个特性。

　　(1)原子性(atomicity)。合约蜜罐成立的基因特征不可拆分。例如,BD、HT、UC 和 MKET 四种类型的合约蜜罐由于具有原子性,其核心代码形态具有唯一性,不会产生类内子分支。使用数学符号 α 表示对原子性的度量,其取值范围应为 $[0,1]$。其中,若将族内分支数量用 β 表示,则具有原子性的合约蜜罐取值为 1,非原子性合约蜜罐取值为 $1/\beta$。

　　(2)拆分复用性(split reusability)。合约蜜罐成立的基因特征可被拆分,用于辅助其他类型合约蜜罐的升级变形。例如,HSU 型合约蜜罐便具有复用性,其基因特征的一部分已经被用于辅助 ID、SMC 等合约蜜罐完成变形。最重要的是,本质上,这些变形后的合约蜜罐仍然属于原家族。使用数学符号 θ 表示对拆分复用性的度量,其取值范围应为 $[0,1)$。若一类合约蜜罐的基因特征可被拆分为 ω 个部分,则其拆分复用性的取值则表示为 $1-1/\omega$(ω 的最小取值为 1)。值得一提的是,原子性与拆分复用性并不是互斥关系,即合约蜜罐具有非原子性并不等价于其基因特征可被拆分复用,但可被拆分复用的合约蜜罐一定具有非原子性。

　　(3)集成性(integration)。合约蜜罐中包含两种及以上条诱导路径,路径之间相互独立。即使将其中一条路径删除,合约蜜罐仍然成立。简而言之,合约蜜罐是多种类型合约蜜罐的合并,具有多种类型合约蜜罐的基因特征。使用符号 φ 表示对集成性的度量,φ 的取值区间为 $[1,10]$,表示合约蜜罐中诱导路径的数量,值为 1 时则不具有集成性。例如,0x5bb52e85c21ca3df3c71da6d03be19cff89e7cf9 地址对应的合约蜜罐本质上既是 BD 型合约蜜罐,也是 ID 型合约蜜罐,其集成性取值为 2。

　　对应表 6-5,合约蜜罐的原子性取决于每个蜜罐家族的分支/变形的能力;一个特定的蜜罐家族,则是由一组特有的基因特征构成的。不同蜜罐家族间子基因特征的交叠意味着一组基因特征被拆分复用的可能性,即合约蜜罐构造者可以从一个子基因特征出发,构造属于不同家族的合约蜜罐。因此,拆分复用性表现为每个蜜罐家族可助力其他蜜罐家族进行蜜罐升级或变形的能力;在一个合约蜜罐中可以集成多种蜜罐家族技术,因此集成性在单个合约蜜罐的基因序列中体现,表 6-5 所示的数值仅代表当前在野合约蜜罐中集成性的统计情况。理想情况下,单个合约蜜罐上可以集成所有蜜罐家族的诱导路径。结合合约蜜罐的攻击机理和蜜罐家谱,我们提出跨家族的各向异性蜜罐检测模型——CADetector。尤其蜜罐家谱囊括了不同类型/分支蜜罐之间的各向异性,是 CADetector 实现精准蜜罐检测的基础。如图 6-9 所示,CADetector 由 3 个模块构成:①基于各向异性的蜜罐检测范围界定;②动态检测路径规划;③基于启发式算法的各向异性特征匹配。

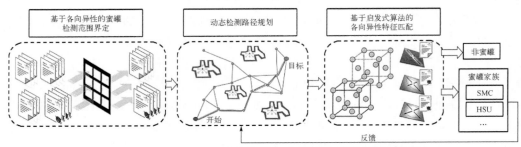

图 6-9　CADetector：跨家族的各向异性蜜罐检测模型架构

6.3.2　基于各向同性的蜜罐检测范围界定

蜜罐的定义及目标对象决定了其较为简单的逻辑复杂度，这是所有蜜罐的共性。通过对比分析蜜罐和非蜜罐在逻辑复杂度呈现上的差异性，我们提取了 4 个关键的逻辑特征：①有效代码行数（指删除代码注释和空白行后的计算结果）；② 是否使用 SafeMath 库；③是否使用接口（interface）；④是否使用 payable 关键词。为了方便起见，下文中我们分别用 rows、has_SafeMath、has_Interface、has_payable 来表示这 4 个特征。

我们使用散点图、小提琴图以及 0-1 分布计算等对 349 个合约蜜罐（源自 Honeybadger 和 XGBoost 的检测结果）和 41 个被 Honeybadger 误报的非合约蜜罐（注：本章侧重关注合约蜜罐的分布，因此非合约蜜罐的数量多少并不产生影响）实现了逻辑复杂度特征的对比。通过数据分析得出的结论为：几乎全部（99.7%）蜜罐的代码量均控制在 150 行之内；蜜罐使用 SafeMath 和接口的概率几乎为 0；当前已知的蜜罐中全部使用 payable 关键字，这是合约可接收转账的关键。非合约蜜罐在一定程度上区别于合约蜜罐的特征分布，因此基于这 4 项逻辑复杂度特征建立区分关系，可有效帮助筛除部分非蜜罐，提升检测效率。

根据表 6-5 所示的 21 个蜜罐家族分支，可以判断攻击者擅长合约蜜罐变形技术，因此在基于逻辑复杂度特征筛除非合约蜜罐的过程中，本章有意增强合约蜜罐的逻辑复杂度，最终提取的四个有效特征如表 6-6 所示。这四个特征将有效避免合约蜜罐检测过程中的漏报问题，当这些特征不被满足时，则意味着过高的逻辑复杂度将导致合约理解困难，无法吸引新手黑客的注意。

表 6-6　对抗性各向同性的逻辑复杂度特征

序号	特征	蜜罐	非蜜罐
1	rows<20	●	◐
2	!(rows>100 & has_SafeMath)	●	◐

续表

序号	特征	蜜罐	非蜜罐
3	!(rows>100 & has_Interface)	●	◗
4	!(compiler≥0.4.0 & !has_payable)	●	◖

注：rows 表示有效代表行数；compiler 表示编译器版本；●表示全部满足；◗ 和◖ 表示不完全满足，其中黑色占比越多，表示越多的样本满足对应的特征。

因此，在基于各向同性的合约蜜罐检测范围界定中，本章将根据表 6-6 划定的合约蜜罐与非合约蜜罐之间的粗粒度特征边界进行区分。表 6-6 所示圆圈中的黑色占比区域即为 CADetector 的检测范围。该模块将一半以上的非蜜罐划定在本章考虑的范围之外，在提高 CADetector 检测效率的同时，还通过提高逻辑特征的复杂度，基本完全囊括了合约蜜罐的部署范畴。

6.3.3　动态检测路径规划

由表 6-5 可以看出，部分蜜罐家族在部分基因特征上会存在一定程度的重叠，为了减少因特征重叠带来检测结果的误报，本节提出动态检测路径规划的思想来强化检测结果的鲁棒性。动态检测路径规划实现对蜜罐的原子性、拆分复用性、蜜罐家族体量三个要素的加权度量。具体而言，对于一种蜜罐类型，当其原子性取值越大、拆分复用性取值越小、所属类型的蜜罐数量越少时，该类型的判定优先级会越高。因此，提出的动态检测路径规划子模型如式(6-1)所示。其中，α表示蜜罐的原子性，θ表示蜜罐的拆分复用性，hpN 为当次蜜罐检测时对应不同蜜罐家族的体量，AmN 表示量纲扩展幅度，ε则表示可接受且可忽视的容错误差。desort()表示降序排列函数。

$$\text{desort}\left(\frac{\alpha + \varepsilon}{\text{hpN}} \text{AmN}(1 - \theta + \varepsilon) \right) \tag{6-1}$$

对应表 6-5，蜜罐家族的原子性数值是明确的，而蜜罐的拆分复用性和蜜罐家族的体量却是动态变化的。首先，在蜜罐检测过程中，若当前合约蜜罐基于拆分复用性构建，如属于家族 B 的合约蜜罐由家族 A 的部分基因特征辅助构建，则 A 对应的拆分复用性需要进行动态调整，此时 A 的拆分复用性数值应为其在已知蜜罐中体现家族 A 拆分复用能力的最大值。

其次，合约蜜罐检测初始，CADetector 会默认不同蜜罐家族是均匀分布的，这种均匀分布意味着不同蜜罐家族间相互独立的假设。但根据本章的分析，单个合约蜜罐可以同时集成两种及以上不同蜜罐家族的关键技术，而且由于一些蜜罐家族间存在子特征的重合，根据合约蜜罐执行路径的不同，它对不同操作者呈现的家族类型也是不同的。鉴于此，本章在分析中发现不同家族的蜜罐体量在一定程度上是对蜜罐家族独立性的一种映射，即体量越小的蜜罐家族，往往只具有本家族的关键基因特征，蜜罐检测结果更加明确。因此，我们将体量作为一个动态规划的关键参数，用于提高合约蜜罐检测的准确性。

最后，初始检测路径规划时，将所有蜜罐家族的拆分复用性数值初始化为 0，并将表 6-5 记录的已知在野蜜罐的统计数值作为蜜罐家族的初始体量数值，由此计算得到的初始检测路径为：MKET→ UC → HT → BD → TDO → SESL → US → SMC → ID → HSU。

6.3.4　基于启发式算法的各向异性特征匹配

结合蜜罐家谱中总结的族间各向异性特征和族内分支/变形的细分结果，CADetector 为 10 个蜜罐家族构建了蜜罐画像，并在 GitHub[27]上实现了开源。对应表 6-5，以 SMC 家族的合约蜜罐为例，本章构建的蜜罐画像如图 6-10 所示，图中①、②、③分别表示蜜罐家谱中总结的 SMC 家族的 3 个基因特征，即：① 存在蜜罐构造者可控的、误导性的调用接口；②可控接口无法被新手黑客控制；③ 制约转账权限。ⓐ、ⓑ、ⓒ、ⓓ则分别表示 SMC 合约蜜罐家族内的 4 个分支，即：ⓐ构造函数引入可控；ⓑonlyOwner 权限函数引入可控；ⓒdelegatecall 引入可控；ⓒHSU 式引入可控。

上述 4 个分支对应的合约蜜罐在基因序列上存在区别。图 6-10 右侧的箭头指向代表组成基因序列的链接顺序，相同线条的箭头代表相同的功能流向，即基因序列上相同线条的箭头只需出现一次。例如，ⓐ、ⓑ、ⓒ对应的核心代码都代表通过引入可控接口的方式来构造合约蜜罐，虽然构造方式不同，但它们对应基因序列的链接顺序是一致的，因此在图 6-10 中，以多个并行的虚线箭头来表示这一相同的链接顺序。在基因序列的构成中，通过这些相同线条箭头间的链接替换，可以对应识别多种不同分支的合约蜜罐。

相对应地，多种基因序列的组合共同映射了同一个蜜罐家族中的基因特征，因此，将这种枚举式基因序列的组合称为一个蜜罐家族的蜜罐画像，图 6-10 所示即为蜜罐画像的一个典型示例。蜜罐画像集成了一个蜜罐家族的基因特征、细粒度的分支/变形、对应的核心代码，以及多种不同的链接顺序，可以预见，以蜜罐画像作为一个面向蜜罐家族做启发式检测的起点，将具有良好的检测效果和检测精度。

因此，本章提出基于启发式算法的特征匹配，该算法以蜜罐家谱为指导，通过为 10 个蜜罐家族刻画蜜罐画像，建立了面向不同家族的各向异性的特征匹配模块。该模块接收智能合约为输入，以刻画的各类蜜罐画像为匹配目标，以动态指定的检测路径为指导进行启发式动态检测。在蜜罐首次被判定为蜜罐时，则停止当次蜜罐的检测过程，并输出蜜罐所属类型及其所属的类内分支，并根据式(6-1)重新规划检测路径，以指导下一次的各项特征匹配与推演过程。若整条检测路径全部检测结束，当前智能合约仍未被检测为蜜罐，则该模块输出非蜜罐的检测结果。之后，该模块接收下一个智能合约，进入循环匹配与推演过程，直至所有的智能合约均被检测结束。

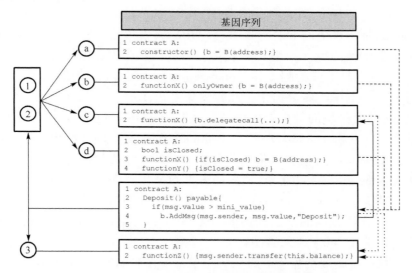

图 6-10　以 SMC 家族为例的蜜罐画像示意图

最终，CADetector 基于各向异性特征匹配方法构建而成。聚焦整个蜜罐家族，CADetector 也提供了一种动态检测路径规划的优化方案，旨在提高检测准确性。而聚焦单个智能合约，由于合约蜜罐的代码量普遍偏小(99.7%的合约蜜罐的代码行数控制在 150 行以内)，可以遍历执行的路径很少。因此，采用符号执行覆盖所有路径的思路属于重量级分析，实时性较差；而代码量小却为静态分析带来了优势，基于启发式的方法可以快速获取精确的蜜罐合约信息，所以 CADetector 本质上属于基于启发式的静态检测工具。

6.4　实验与结果分析

6.4.1　数据集构建

为了验证 CADetector 的检测能力，本节搭建了一个面向以太坊的实验环境。硬件环境是 Intel® Core™ i5-3320M CPU @ 2.60 GHz，16.0 GB，64 位 Windows 10

系统；测试环境是 Python 3.7.6；数据集获取是基于 geth 客户端和 web3 模块搭建的 nodejs 环境和数据库存储实现的。具体而言，本章构建了 3 类数据集，分别用于实现不同的测试目的。

数据集 I：benchmark 数据集。此数据集源于 Honeybadger 对以太坊区块链上[0, 6500000)区块中共 158863 份 SC 的检测结果，以及由 XGBoost 提供的 13 个在野合约蜜罐，共包含 295 份合约蜜罐(其中 282 由 Honeybadger 捕获)和 41 份被 Honeybadger 误报的非合约蜜罐。XGBoost 以该检测结果为 benchmark 来验证其基于机器学习的检测结果。鉴于此，本章仍以该检测结果为 benchmark，实现了 CADetector 与主流检测工具 Honeybadger 和 XGBoost 的对比分析。

数据集 II：XGBoost 数据集。此数据集是由 Torres 团队开源的、以太坊区块链上[0, 6500000)区块的智能合约集合。从基于 geth 搭建的以太坊节点上进行了数据集获取，共获得 158568 份 SC(benchmark 数据集中的 295 份合约蜜罐不包含在内)。与 XGBoost 对检测结果做前序样本(100 份)的验证方式保持一致，本章实现了 CADetector 与 XGBoost 在面向未知数据集时的检测能力对比。值得一提的是，该实验以 Honeybadger 的检测结果作为 benchmark，因此 XGBoost 和 CADetector 对合约蜜罐的新发现均被视为 0day 合约蜜罐，而 Honeybadger 提供的检测结果则均为非 0day 合约蜜罐。

数据集 III：自爬取数据集。对以太坊节点上[6500000, 8500000)区间的区块数据进行了爬取和数据库存储，共获取了 125988 份未知 SC，这些 SC 被创建的时间区间为 2018 年 10 月 12 日至 2019 年 9 月 7 日。由于这类自爬取数据集属于未验证空间，因此在该数据集上，本章不考虑 CADetector 与主流工具的对比，仅考虑 CADetector 在未知空间中的检测能力。通过对检测结果做全验证的方式，一方面验证了 CADetector 的性能，另一方面也对以太坊上未验证空间的受污染程度进行了量化评估。

6.4.2　已知合约蜜罐检测对比

基于数据集 I 实现的检测对比结果如表 6-7 所示：CADetector 对所有 8 种类型的蜜罐均实现了 100%的准确率和召回率，超越了当前最先进的两个合约蜜罐检测工具 Honeybadger 和 XGBoost。

表 6-7　与主流合约蜜罐检测工具的检测能力对比表

工具	指标	BD	ID	SESL	TDO	US	HSU	HT	SMC	总计
Honeybadger	TP	20	41	9	4	32	134	12	30	282
	FP	0	7	0	0	0	30	0	4	41
	准确率/%	100.0	85.4	100.0	100.0	100.0	81.7	100.0	88.2	87.3

续表

工具	指标	BD	ID	SESL	TDO	US	HSU	HT	SMC	总计
XGBoost	TP	17	39	9	4	37	123	12	28	269
	FN	3	4	1	0	2	12	1	3	26
	召回率/%	85.0	90.7	90.0	100.0	94.9	91.1	92.3	90.3	91.2
CADetector	TP	20	43	10	4	39	135	13	31	295
	FP	0	0	0	0	0	0	0	0	0
	FN	0	0	0	0	0	0	0	0	0
	TN	0	7	0	0	0	30	0	4	41
	准确率/%	100.0	100.0	100.0	100.0	100.0	100.0	100.0	100.0	100.0
	召回率/%	100.0	100.0	100.0	100.0	100.0	100.0	100.0	100.0	100.0

首先，如表 6-7 所示，Honeybadger 对以太坊区块链上前 6500000 个区块上的智能合约进行了检测，获得了"是智能合约蜜罐"的检测结果。对于该结果，误报的结论是专家给出的，但是否有漏报是需要对所有 6500000 个区块上的智能合约一一手动验证后才能得出的结论，因此难以得到漏报(或召回率)的结论。

其次，XGBoost 的检测数据只提供了漏报信息，而未提供误报信息。一方面，在 XGBoost 的研究工作中，没有提供明确的误报数据；另一方面，根据表 6-7，XGBoost 给出的结果数据中是存在误报的。因此，为了保证实验结果的可靠性，仅展示了文献[21]的检测结果。

最后，CADetector 能够保证高性能的原因在于它基于蜜罐画像精准发现了合约蜜罐的基因特征与基因序列之间的映射关系，建立了合约蜜罐与非合约蜜罐之间的有效特征边界，从而将非合约蜜罐作为蜜罐画像覆盖范围外的异常存在。因此，CADetector 通过构造蜜罐画像的检测本质上仍属于一种异常检测的方法，这种方法在数据集极度不平衡的情况下往往能产生较好的有益效果[28,29]。详细的数据对比分析如下：Honeybadger 共将 323 份 SC 检测为合约蜜罐，其中 282 份为真蜜罐，体现在二分类上的准确率为 87.3%。其中 ID、HSU、SMC 这三类蜜罐在数量上占了所有合约蜜罐的 72.7%，而 Honeybadger 在这三类蜜罐上的检测性能欠佳。检测的准确率体现在这三类合约蜜罐上分别为 85.4%、81.7% 和 88.2%，表现出了较高的误报率。对比之下，CADetector 不仅提升了合约蜜罐检测的准确率，其带来的额外优势还包括：①不依赖于符号执行收集蜜罐信息，避免了蜜罐检测过程中路径爆炸的问题；②不依赖于符号执行对关键信息进行约束求解，检测耗时的复杂度仅与 Honeybadger 第二阶段中启发式检测的耗时复杂度保持一致。

XGBoost 基于已知的共 295 个真蜜罐进行检测能力测试，共识别出 269 个真蜜罐，体现在二分类上的召回率为 91.2%。影响其检测性能的主要原因在于 XGBoost 在没有大数据集的情况下，它通过机器学习能够学习挖掘到的、与合约蜜罐成立所密切相关的基因特征不够全面,而且大部分蜜罐家族还存在内部分支，更加增加了机器学习的难度。因此，XGBoost 在面对大部分类型的蜜罐时，均存在较高的漏报率，最高时可达 15%。

对比 XGBoost,除通过基因特征挖掘降低蜜罐检测的漏报率之外,CADetector 还解决了 XGBoost 预警不及时的问题，即 XGBoost 在检测过程中引入了一些不恰当的行为特征(例如，"转账到攻击者账户"的资金流特征),这些特征虽然能够用于表征蜜罐，但这些特征只在黑客攻击成功后得以表现。因此，这些特征仅可以用于检测历史蜜罐，却无法在第一时间给予用户预警。

6.4.3　0day 合约蜜罐检测能力对比

基于数据集 Ⅱ 实现的检测对比结果如表 6-8 所示：在前序 100 份样本的验证中，XGBoost 共捕获了 54 个 0day 合约蜜罐，CADetector 则捕获了 98 个 0day 合约蜜罐。值得一提的是，本章对 XGBoost 公开的检测结果进行了再次验证，发现其将两个应属于 UC 类型的合约蜜罐归类为 US 类型,对此本章在表 6-7 中进行了纠正。此外，XGBoost 公开的结果中报告了 5 个 SMC 型合约蜜罐，但本章分析后认为其中 3 个属于误报，误报的原因是不存在吸引新手黑客的获利入口，即到访问者账户的转账。

表 6-8　0day 合约蜜罐检测能力对比表

工具	BD	ID	SESL	TDO	US	HSU	HT	SMC	UC	MKET	总计
XGBoost	1	13	0	1	8(6+2FN)	16	8	2(5-3FP)	4(6-2FP)	1	**54**
CADetector	1	29	0		13	28	11	7	7	1	**98**

表 6-8 的检测结果再次印证了面向少量真实合约蜜罐进行机器学习的 XGBoost 由于受限的特征挖掘能力，在对 0day 合约蜜罐的检测能力上也体现出一定的局限性。在小数据集上，CADetector 基于语义层面的基因特征分析体现出了较高的优势。尽管如此，面向机器学习的方法仍具有一定的未知合约蜜罐检测能力，这是 CADetector 所不具备的，因此在未来的研究中，考虑通过数据增强实现完备的数据集，并将机器学习引入 CADetector。

6.4.4　未验证空间的 0day 合约蜜罐检测

基于数据集 Ⅲ 实现的检测对比结果如表 6-9 所示。

表 6-9　0day 合约蜜罐的检测结果统计表

区块	Type	BD	ID	SESL	TDO	US	HSU	HT	SMC	UC	MKET	总计
650 万～850 万	TP	0	1	1	1	2	331	2	19	2	0	**359**
	FP	0	0	0	0	0	24	0	1	0	0	**25**
	准确率/%	100.0	100.0	100.0	100.0	100.0	93.2	100.0	95.0	100.0	100.0	**93.5**

从二分类的角度，CADetector 共将 384 个智能合约识别为蜜罐，其中 359 个是真蜜罐，25 个为误报，检测准确率为 93.5%。导致这些误报的原因可从多分类的角度进行精准定位，可以发现对于大多数类型的蜜罐，CADetector 均表现出 100%的检测准确率，而几乎所有的误报都源自对 SMC 型蜜罐和 HSU 型蜜罐的误报。

针对这些误报，总结原因如下：当前随着 DApp 的流行，SC 的开发逻辑逐渐模块化，很多 SC 看似逻辑简单，实则是配合其他 SC 共同使用。在多个 SC 联合作用的过程中，SMC 和 HSU 技术常被使用[30]，并且一部分 SC 经专家验证后被认为可以作为合约蜜罐使用，但考虑到联合应用的逻辑复杂度已经超过了新手黑客可以接受的范畴，因此对于这些 SC，也将其划分为"非合约蜜罐"。

以图 6-11 所示的 SC（称为 BTCxCrowdsale）为例，首先 BTCxCrowdsale 与 0x781AC8C2D6dc017c4259A1f06123659A4f6dFeD8（简称合约 A）和 0x5A82De3515fC4A4Db9BA9E869F269A1e85300092（简称合约 B）两个 SC 在协同配合下发挥作用，这是 DApp 开发中常见的一种模块化的开发模式；其次，与之配合的两个 SC 为 BTCxCrowdsale 的构造者引入了一定可控的接口，这是 SMC 技术的特征表现；最后，BTCxCrowdsale 使用 bool 变量 crowdsaleClosed 集成了 HSU 技术。究其本质而言，BTCxCrowdsale 虽然具有合约蜜罐的特征，但合约 A 与合约 B 的设计、crowdsaleClosed 变量的更新实际掌握在合约构造者一方，鉴于合约蜜罐的逻辑相对简单，此类复杂合约蜜罐凭借其代码逻辑能够诱捕新手黑客的概率较低，因此将这种涉及多地址联合作用的复杂合约构造者视作白帽子开发者。此外，由于合约模块化开发趋势的流行，充分挖掘模块化 SC 的联动特征也是必要的，CADetector 未来的增强实现中将完善这一点。

与此同时，CADetector 基于对抗性逻辑复杂度开展检测，并面向大多数类型的蜜罐实现了 100%的检测准确率。这意味着在绝大多数情况下，CADetector 面向各向异性特征的挖掘是成功的，与是否兼容高复杂逻辑无关，即 CADetector 更准确地抓住了这些蜜罐成立的本质特征和变形方向。

```
1  contract BTCxCrowdsale is owned , SafeMath { //BTCxCrodsale 合约
2    bool crowdsaleClosed = false ; //全网 bool 变量 crowdsaleClose,初始为 false
3    function Crowdsale() {
4      beneficiary = 0x781AC8C2D6dc017c4259A1f06123659A4f6dFeD8;
5      ……
6      tokenReward = token(0x5A82De3515fC4A4Db9BA9E869F269A1e85300092);
7    }
8    function () payable { //fallback 函数，默认函数
9        require (numTokens>0 && !crowdsaleClose && now > start && …… now<deadline);
10       balanceof[msg.sender] = safeAdd(balanceof[msg.sender] , amount);
11       amountRaised = safeAdd(amountRaised , amount);
12       tokensSold += numTokens;
13       tokenReward.transfer(msg.sender , numTokens);
14       beneficiary.transfer(amount);
15       FundTransfer(msg.sender , amount , true);
16    }
17   function checkGoalReached() afterDeadline {
18       require(msg.sender == owner); //要求后续操作的执行者必须为 owner
19       ……
20       crowdsaleClosed = true; //将全局 bool 变量 crowdsaleClosed 设置为真
21    }
22  }
```

图 6-11　使用 HSU 技术的良性智能合约

6.4.5　实验数据分析

结合上述实验结果，本章从面向以太坊的污染现状、攻击技术、检测层面和增强实现四个维度进行了数据分析。

1. 污染现状

基于上述三个数据集，除了当前已公开的 349（295+54）份合约蜜罐，CADetector 新捕获了 403 份 0day 蜜罐，其中 359 份 0day 合约蜜罐是在[6500000, 8500000) 的未验证区块空间上捕获的。所有这些合约蜜罐出现在以太坊上的时间跨度为 2015 年 8 月至 2019 年 9 月，这意味着合约蜜罐已对以太坊的生态环境造成了持续性的污染。

为了更好地感知当前的污染现状，在 2020 年 6 月 4 日至 2020 年 12 月 22 日，运行 CADetector 对以太坊区块链上的 SC 进行实时动态监测，过程中又新发现了 47 个 0day 合约蜜罐，其中包括 3 个 US 型合约蜜罐、43 个 HSU 型合约蜜罐、1 个 SMC 型合约蜜罐。这些蜜罐出现的时间分布如图 6-12（a）所示，横坐标表示时间；纵坐标为对应时间段内合约蜜罐创建的个数。可以看出，从 2020 年 6 月到 2020 年 12 月，合约蜜罐的数量呈现缓慢上升趋势，侧面证明了合约蜜罐存在较长且可持续的攻击生命周期，该特点也使其成为攻击者在区块链上构建隐蔽型僵尸网络的一种主要利用对象[31]。

从全局角度，将已知合约蜜罐与 CADetector 新捕获的所有合约蜜罐（共 799

个)进行了汇总统计,如图 6-12(b)所示,2018 年与 2019 年是蜜罐的高发时期,虽然 2020 年下半年中合约蜜罐的出现次数相比之前大为降低,但逐渐上升的趋势也需要引起研究者的关注。将待关注问题划分为两个方面:一是为了防止合约蜜罐再次大爆发,持续的实时监控与预警是必要的;二是随着 DApp 的流行,合约蜜罐的革命性变形是可能的,这将意味着合约蜜罐面向的对象可能产生转移或升级。因此,未来除了持续的实时动态监测,研究合约蜜罐是否开始对标更高资产用户或以高复杂逻辑出现是必要的。

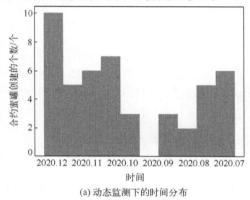

(a) 动态监测下的时间分布

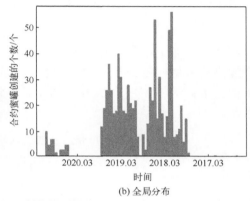

(b) 全局分布

图 6-12　合约蜜罐创建时间分布图

综上,基于 CADetector 的检测结果,防御方还可及时关注与攻击者相关的 EOA、IP 地址等威胁情报,一方面可以关注合约蜜罐的未来发展趋势,另一方面可以助力区块链安全社区的情报共享和态势感知。

2. 攻击技术

综合表 6-7～表 6-9 以及动态实时监测下捕获的合约蜜罐数据,分析发现,在所有新发现的 0day 合约蜜罐中,HSU 型蜜罐的数量占比从之前的 41.5%上升到了约 92%之高;在数量上,HSU 型蜜罐从[0, 6500000)共 6500000 区块上的 163 个上升到了后续[6500000, 8500000)共 2000000 个区块上的 331 个(详见表 6-10 的统计数据)。占比的增加、时间区间的缩短,以及蜜罐出现频率的升高等都意味着 HSU 技术是攻击者非常偏爱的蜜罐构建技术,需要引起研究者的重视。

表 6-10　关于 HSU 型合约蜜罐的统计

区块/时间	HSU	总计	百分比
0～6500000 (2015.8～2018.10)	163(135+28)	393(295+98)	41.5%
6500000～8500000 (2018.10～2019.9)	331	359	92.2%
2020.6～2020.12	43	47	91.5%

3. 检测层面

CADetector 的成功进一步证明了对绝大部分蜜罐的准确识别可以仅通过基于源码的语义分析和特征挖掘实现，即大部分蜜罐成立的本质特征并不严重依赖于相关的行为特征或资金流特征等。这一结论也从侧面呼应了合约蜜罐以新手黑客为主要目标对象的事实，即为了避免陷入技术细节，新手黑客可能不会进行过于复杂的行为特征分析或资金流分析，而是以更大的可能仅从源码层面对"有漏洞智能合约"（实际为合约蜜罐）进行快速识别。

4. 增强实现

当前，除了本章关注的基因特征挖掘之外，在合约蜜罐检测领域仍存在很多待解决的关键问题。典型的一个问题是当前主流的机器学习技术无法很好地应用于合约蜜罐的检测，如表 6-11 所示，导致这一问题的主要原因在于数据集极度不平衡。

表 6-11　数据集不平衡问题的表现及影响

场景	文献	表现	影响
二分类	[21]	合约蜜罐与非合约蜜罐的比例为 295 : 158568	导致训练的机器学习模型无法深入挖掘与蜜罐关联的本质特征
	[22]	合约蜜罐与非合约蜜罐的比例为 616 : 218250	该方法基于字节码进行模型训练，影响了数据集的质量，进一步限制了与蜜罐相关的语义特征的挖掘
多分类	[21]、[22]	MKET、TDO、UC 型合约蜜罐数量仅分别为 1、6、6	数据集完备度严重不足，引入机器学习将无法发挥优势
类内分支	本章工作	很多类内分支和可能的变形数量极少，甚至为 0，见表 6-5	

基于这一观测视角，建立高质量、完备的数据集是合约蜜罐检测的关键工作之一，本章在 GitHub[27] 上对 CADetector 的检测结果进行了开源，以期助力该研究工作的开展。

6.5　本章小结

本章将基于知识图谱的威胁发现工作分为基于知识图谱的传统威胁检测、基于知识图谱融合开源威胁情报的威胁发现以及知识图谱在新型威胁领域的检测与应用三类，并分别对这些工作进行了综述；由于知识图谱在新型威胁领域的检测与应用相对其他两类研究工作尚不够成熟，且对以太坊污染严重的智能合约蜜罐的检测研究工作是目前很少被涉足的新兴领域，因此本书面向以太坊辨析了智能合约蜜罐的攻击机理，并利用知识图谱构建了智能合约蜜罐家谱，以此来指导智能合约蜜罐的检测研究。进一步，笔者提出了一种各向异性合约蜜罐检测系统 CADetector，CADetector 基于蜜罐家谱对应不同类型的智能合约蜜罐刻画了不同的蜜罐画像，这些蜜罐画像集成了合约蜜罐不可绕过的基因特征，是实现精准合约蜜罐检测的关键。最后，本书实现了面向以太坊的合约蜜罐检测实验，CADetector 在性能表现上超过了当前主流的 Honeybadger 和 XGBoost 两个检测工具；并且本章在多个不同的数据集上进行了检测能力验证，验证结果显示 CADetector 对大部分类型的蜜罐均实现了 100%的检测准确率，对已知和未知蜜罐的检测具有高鲁棒性，最终 CADetector 发现了 450 个 0day 合约蜜罐。这些 0day 合约蜜罐具有检测延迟大、攻击时效长等特征，一旦攻击者通过多渠道传播成功建立对大量目标群体的诱导，将给以太坊的生态安全带来严重破坏，因此提前研究此类威胁的机理及防御技术是十分必要的。值得一提的是，基于 CADetector 的检测结果，防御者可及时关注合约蜜罐的发展趋势、攻击者相关的以太坊地址、IP 地址来源等威胁情报，进而助力区块链安全社区的情报共享和态势感知。

参 考 文 献

[1] 徐增林, 盛泳潘, 贺丽荣, 等. 知识图谱技术综述[J]. 电子科技大学学报, 2016(4): 589-606.

[2] 刘峤, 李杨, 段宏, 等. 知识图谱构建技术综述[J]. 计算机研究与发展, 2016, 53(3): 582-600.

[3] Oyen D, Anderson B, Anderson-Cook C. Bayesian networks with prior knowledge for malware phylogenetics [C] // AAAI Workshop: Artificial Intelligence for Cyber Security, Phoenix Arizona, 2016: 58-64.

[4] Xu X, Liu C, Feng Q, et al. Neural network-based graph embedding for cross-platform binary code similarity detection[C] // 2017 ACM SIGSAC Conference on Computer and Communications Security, Dallas, 2017: 363-376.

[5] Gascon H, Grobauer B, Schreck T, et al. Mining attributed graphs for threat intelligence [C] // ACM on Conference on Data and Application Security and Privacy(CODSPY), Scottsdale, 2017: 15-22.

[6] Grisham J, Samtani S, Patton M, et al. Identifying mobile malware and key threat actors in online hacker forums for proactive cyber threat intelligence[C] // IEEE International Conference on Intelligence and Security Informatics(ISI), Beijing, 2017: 13-18.

[7] Milajerdi S M, Gjomemo R, Eshete B, et al. Holmes: Real-time apt detection through correlation of suspicious information flows [C] // 2019 IEEE Symposium on Security and Privacy (SP), San Francisco, 2019: 1137-1152.

[8] Gao P, Liu X, Choi E, et al. A system for automated open-source threat intelligence gathering and management [C] // Proceedings of the 2021 International Conference on Management of Data, Virtual Conference, 2021: 2716-2720.

[9] Gao P, Shao F, Liu X, et al. Enabling efficient cyber threat hunting with cyber threat intelligence [C] // 2021 IEEE 37th International Conference on Data Engineering (ICDE), Chania, 2021: 193-204.

[10] Zeng J, Chua Z L, Chen Y, et al. WATSON: Abstracting behaviors from audit logs via aggregation of contextual semantics [C] // Proceedings of the 28th Annual Network and Distributed System Security Symposium (NDSS), Virtual Conference, 2021: 1-18.

[11] Yu L, Ma S, Zhang Z, et al. ALchemist: Fusing application and audit logs for precise attack provenance without instrumentation [C] // Proceedings of NDSS, Virtual Conference, 2021: 1-18.

[12] Tsankov P, Dan A, Drachsler-Cohen D, et al. Securify: Practical security analysis of smart contracts [C] // Proceedings of the 2018 ACM SIGSAC Conference on Computer and Communications Security, New York, 2018: 67-82.

[13] Zhuang Y, Liu Z, Qian P, et al. Smart contract vulnerability detection using graph neural network [C] // IJCAI'20, Yokohama, 2020: 3283-3290.

[14] Liu Z, Qian P, Wang X, et al. Combining graph neural networks with expert knowledge for smart contract vulnerability detection [J]. IEEE Transactions on Knowledge and Data Engineering, 2021, PP(99):1.

[15] Su L, Shen X, Du X, et al. Evil under the sun: Understanding and discovering attacks on ethereum decentralized applications [C] // 30th USENIX Security Symposium (USENIX Security 21), Virtual Conference, 2021: 1307-1324.

[16] Jiang B, Liu Y, Chan W K. Contractfuzzer: Fuzzing smart contracts for vulnerability detection [C] // 2018 33rd IEEE/ACM International Conference on Automated Software Engineering (ASE), Montpellier, 2018: 259-269.

[17] He J, Balunović M, Ambroladze N, et al. Learning to fuzz from symbolic execution with application to smart contracts [C] // Proceedings of the 2019 ACM SIGSAC Conference on Computer and Communications Security, London, 2019: 531-548.

[18] Torres C F, Schütte J, State R. Osiris: Hunting for integer bugs in Ethereum smart contracts [C] // Proceedings of the 34th Annual Computer Security Applications Conference, San Juan,

2018: 664-676.

[19] Wu L, Wu S, Zhou Y, et al. EthScope: A transaction-centric security analytics framework to detect malicious smart contracts on Ethereum[J]. arXiv:2005.08278, 2020.

[20] Torres C F, Steichen M, State R. The art of the scam: Demystifying honeypots in Ethereum smart contracts [C] // 28th USENIX Security Symposium (USENIX Security 19), Santa Clara, 2019: 1591-1607.

[21] Camino R, Torres C F, Baden M, et al. A data science approach for detecting honeypots in Ethereum [C] // 2020 IEEE International Conference on Blockchain and Cryptocurrency (ICBC), Virtual Conference, 2020: 1-9.

[22] Chen W, Guo X, Chen Z, et al. Honeypot contract risk warning on Ethereum smart contracts [C] // 2020 IEEE International Conference on Joint Cloud Computing, Oxford, 2020: 1-8.

[23] Buterin V. A next-generation smart contract and decentralized application platform [J]. Ethereum White Paper, 2014, 3(37): 1-36.

[24] Wood G. Ethereum: A secure decentralised generalised transaction ledger [J]. Ethereum Project Yellow Paper, 2014, 151: 1-32.

[25] Hara K, Sato T, Imamura M, et al. Profiling of malicious users using simple honeypots on the Ethereum blockchain network [C]// Proceedings of the 2020 IEEE International Conference on Blockchain and Cryptocurrency (ICBC), New York, 2020: 1-3.

[26] Cheng Z, Hou X, Li R, et al. Towards a first step to understand the cryptocurrency stealing attack on ethereum [C]// Proceedings of the 22nd International Symposium on Research in Attacks, Intrusions and Defenses (RAID 2019), Berkeley, 2019: 47-60.

[27] Tiantian J. Honeypot detection results by CADetector[EB/OL]. [2021-5-31]. https://github.com/yogaJtt/CADetector.git.

[28] El-Dosuky M A, Eladl G H. DOORchain: Deep ontology-based operation research to detect malicious smart contracts [C] // Proceedings of the World Conference on Information Systems and Technologies, Berlin, 2019: 538-545.

[29] Preuveneers D, Rimmer V, Tsingenopoulos I, et al. Chained anomaly detection models for federated learning: An intrusion detection case study [J]. Applied Sciences, 2018, 8(12): 2663.

[30] Atzei N, Bartoletti M, Cimoli T. A survey of attacks on Ethereum smart contracts (SoK) [C] // Proceedings of the International Conference on Principles of Security and Trust, Berlin, 2017: 164-186.

[31] Yin J, Cui X, Liu C, et al. CoinBot: A covert botnet in the cryptocurrency network [C] // Proceedings of the International Conference on Information and Communications Security, Berlin, 2020: 107-125.